ヴァイオリニストの沖縄文化論

泡盛カンタービレ!

長嶺安一

Awamori Cantabile

ボーダーインク

沖縄県酒造組合連合会の門前に建てられた石碑。

君知るや　名酒　あわもり

坂口謹一郎

古酒のすすめ

泡盛は黒麹菌が用いられた沖縄独自の蒸留酒である。泡盛の歴史は古く琉球王国時代から王府の元で造られてきた。この泡盛の特徴の一つとして管理し保管すれば「古酒」に育つという。甕保存はもちろん、瓶のままでも古酒になることから、手軽に古酒造りを楽しむことができます。

泡盛は熟成させることにより、古酒となり格段に美味くなります。

甕で古酒造り

瓶で古酒造り

現在沖縄県内には 47 酒造所と沖縄県酒造協同組合があります。
酒造所によっては工場見学も受け付けています。

まさひろ酒造
（糸満市）

屋外タンク

山川酒造（本部町）

龍泉酒造所（名護市）

津嘉山酒造（名護市）

ヘリオス酒造（名護市）

泡盛工場見学

泡盛製造工程

泡盛工場では製造工程を
見学させてもらえます。

麹床
蒸し米と種麹を混ぜた米麹を
寝かせる。

モロミタンク
麹床に水と酵母を加えて発酵
させる。

蒸留機
発酵させたモロミを蒸留する。

貯蔵方法

泡盛工場では蒸留
した泡盛を貯蔵、
製品や古酒として
出荷します。

甕貯蔵

樫樽での貯蔵

屋内タンクでの貯蔵

筆者のコレクションからセレクトしました。通常の銘柄の泡盛以外に限定記念ボトルや干支の壷などさまざまな泡盛が造られています。

那覇大綱記念ボトル
（4 合）

阪神タイガース
優勝記念ボトル（4 合）

ジャイアンツ
応援ボトル（4 合）

**2000 年沖縄サミット
記念ボトル**

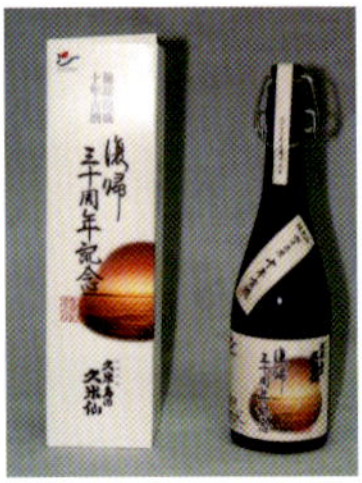

復帰 30 周年
記念ボトル（4 合）

復帰 30 周年
記念ボトル

泡盛コレクション

日本画ラベルによる記念ボトル

久米島町誕生
記念ボトル(一升)

西原町商工会設立記念ボトル（4 合）

小型干支壷ボトル

一升壷、二升壷、一升棕櫚《しゅろ》巻き壷

カラカラとチブグヮー

カラカラと呼ばれる酒器は1合入りや2合入りなどがあり、親しまれている酒器である。

チブグヮーはお猪口のことで古酒などを味わって飲むのに適している。

泡盛酒器コレクション

沖縄の焼物は泡盛の酒器として利用されています。

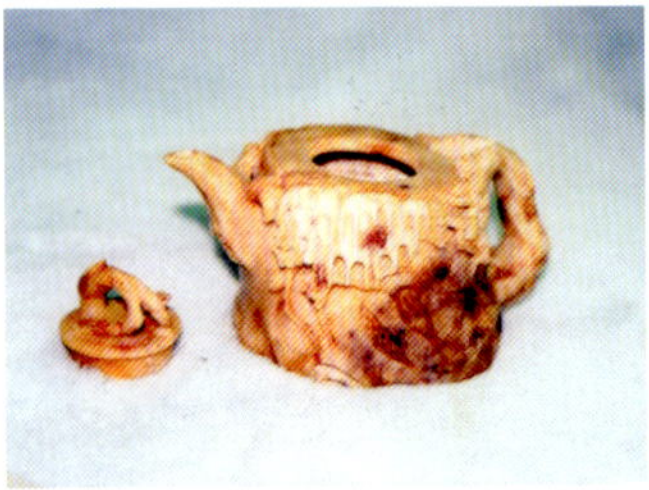

いろいろな酒器

抱瓶《だちびん》（携帯用の酒器）

三種類の一升壷

嘉瓶《ゆしびん》(祝い事に使われる酒器)

お祝い用ひょうたん型壷

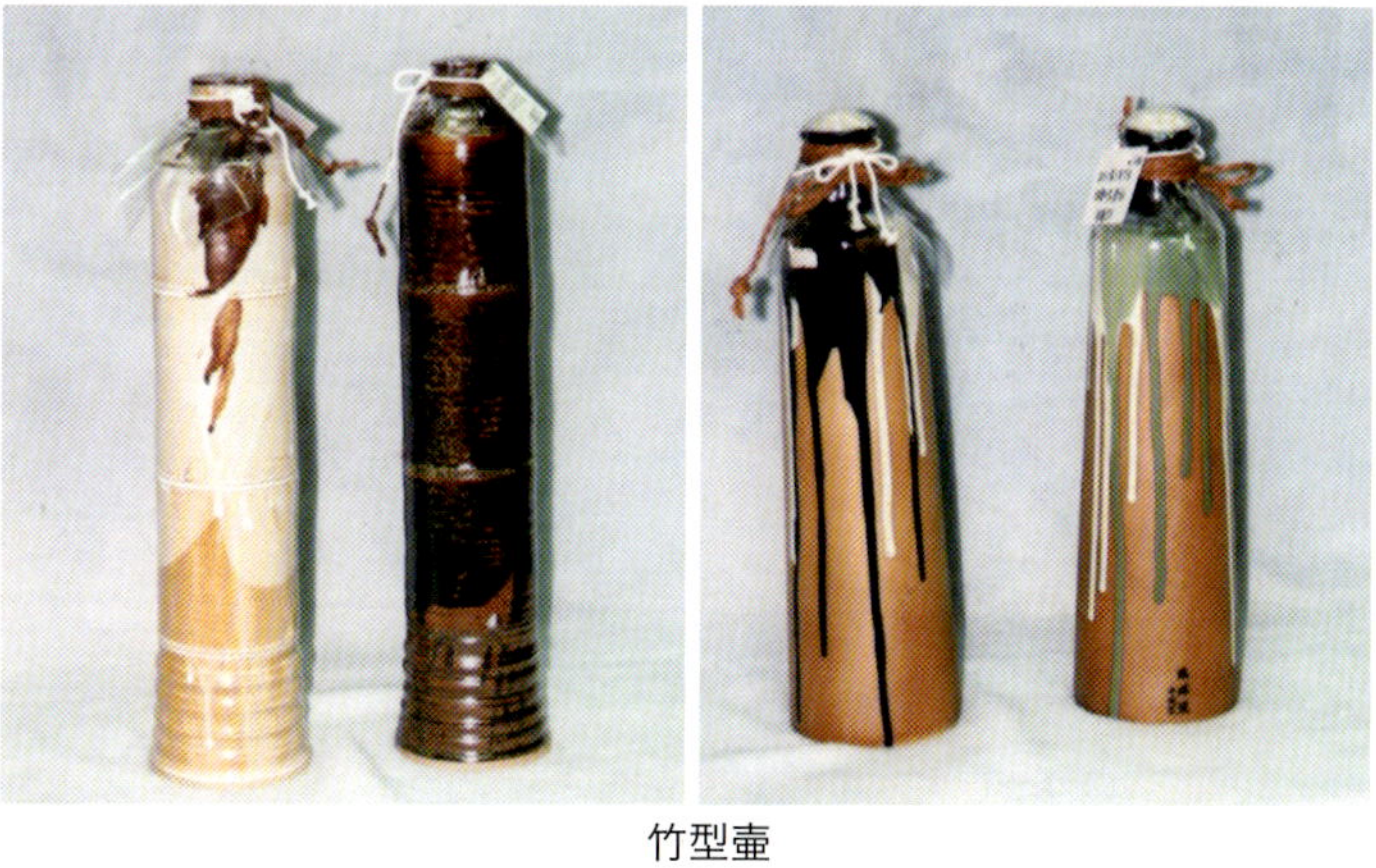

竹型壷

私の酒蔵（ヴァイオリン教室）

手作りの古酒棚には甕が並んでいる

練習用のピアノの下も甕でいっぱい

壁はたくさんの本に交じって瓶や甕が並んでいる

はじめに

筆者が沖縄文化に関心を持つようになったのは二十歳の頃である。それは私が大学（日本大学芸術学部）で音楽（ヴァイオリン）を勉強すべく上京し、下宿生活を始めて間もない時であった。私の下宿は常時八名から十名ぐらいの学生がいて当時評判の下宿屋さんであった。学生時代の四年間随分お世話になったので、ここで下宿、後藤家を簡単に紹介しておきたい。

まず、年の順から、元気な八十代のおばあちゃん、そして当の下宿経営のとても優しかった後藤敏子さん、勉強や特に読書方法等で大変世話になった長男の一雄さん、美人で長女の美恵子さんの四人家族であった。

長男の一雄さんとは部屋が隣り同士でもあった関係で、個人的にも特にお世話になった。それまで一冊の本も真面目に読んだ経験もなかった自分が、一雄さんの影響で読書の習慣を身につけたことは特に大きな変化であったことは間違いない。その影響で、その後も夜間の時間は読書に没頭した。有り難いことに、この習慣は五十年以上たった今日まで続いている。この事は私の大きな目に見えない財産になっている。

五十年以上もたった現在では、想像もできないが、当時の本土の人（大和人《ヤマトゥンチュ》）にとって沖縄はまだまだ未知の地、遠い南の島であった。そこで当然、私には沖縄についての疑問、質問が毎朝毎晩、それこそ雨あられのように浴びせかけられた。しかし、残念ながら当時の私の底の浅い知識では、納得のいく説明ができるはずもなかった。毎日が毎日、汗顔の至りであった。

それ以来、私はヴァイオリン練習の傍《かたわ》ら沖縄に関する問題、特に歴史を一から勉強し始めた。少ない生活費を節約するため、新本の購入をやめ、月に一度は神田神保町の古本屋に通うようになった。一ヶ月に勉強する本を安く一括購入するためである。神保町の古本屋も一雄さんのアドバイスである。

恥ずかしながら真面目に(それこそ本気で)沖縄の歴史を学習したのは、その時が初めてであった。中学校で「琉球の歴史」という授業はあったが、その時は全く興味がなく、勉強も全くしなかった。東京で毎日の質問攻撃の件ではこのことを大いに悔やんだ。あの時もっと勉強しておけばよかったのに…。もう遅い。これは神が私にあたえた〝天罰〟に違いない。否、神の〝啓示〟だったかも知れない。「後悔先にたたず」だ。先人の知恵は素晴らしい。

中学校での「琉球の歴史」の先生は長嶺先生という若い綺麗な人だったと記憶している。〝キレイ〟な長嶺先生にも悪いことをしたなあー…と思った。しかし人間「後悔は智慧の緒」とも言う。それから一年後、私は(自称だが)「賢明なる沖縄文化論者」になった。その後、他府県の学生同士の話の折りには何時も「沖縄文化論」をブツようになったのである。
あれから五十有余年、現在では「沖縄文化論」においては自信と誇りを持って語ることができると自負している。十代二十代の若い方々にも是非とも拙著を読んでもらって、沖縄の歴史に対する理解を深め「自信と誇り」をもってもらいたいと願うものである。と同時に私と同じような後悔をせず有意義な人生を送ってもらいたいと思う老婆心からでもある。

この本は決して若者に飲酒を勧める為の本ではない。ましてや、現在国内でワーストワンになっている飲酒運転を勧めるものでもない。そのへんの所をどうぞ誤解のないように願いたい。

泡盛は沖縄の宝物であり沖縄の最高・最大の文化である。本書で泡盛は沖縄文化を語る為の一つの方法であり手段である。敢えて言わせてもらえば、音楽、踊り、琉歌等々どれでも良いのである。私の意図するところは泡盛を通して沖縄文化を記述することにある。

一つには私自身が大の泡盛愛飲家であると同時に、熱烈なる泡盛蒐集家で、かつ履歴が長いことにある。勿論、蒐集歴もさること乍《なが》ら、膨大なる資料と調査により、出来うる限りの記述を試みる心算である。

目次

ヴァイオリニストの沖縄文化論

泡盛カンタービレ!

プロローグ　～文化とは何ぞや

私の文化考

「文化とは何ぞや？」と、いきなり問いかけられると、直ぐに答えが出せるものではない。『国語辞典』や『広辞苑』等で文化の項目を見れば簡単にその答えが見つかりはする。しかし、一行や二行の文章でその本質を説明できるものではない。それは色々複雑な要素を孕んでいて、例えばその歴史的状況や、民族性等々、我々が理解しなければならない要素が多々あるからである。行成、結論めいた話になったが、ここで私の文化に対する姿勢というか考え方を明らかにしておきたい。

まず第一に文化とは、その地域、又は集落、民族、国民の共有するものでなければいけない。ごく一部の人間が独占し、その他大勢の人達はその埒外に居るのであれば、それは本当の文化とはいえない。その例として後で「アヘン戦争」を取りあげる。それは中国とイギリスの貿易不均衡、貿易収支の崩壊から起こった事件であった。しかし、その元々の原因をつくったのはお上《かみ》と下々《しもじも》、即ち政治を掌《つかさど》る皇帝と一般大衆との文化の乖離であったと筆者は思っている（泡盛も最初はそうだったが、次第に大衆化された）。

文化に関する小事件

大きな事件はともかく、それに類するあまり人目にもつかないような小さな事件は日常我々の回りでも頻繁に起こっている。私が体験した卑近な例を紹介したい。

二十前ほど前、仲間十五、六名で旅行をかねて福島へゴルフに行った時の話である。旅先では殆ど同じようなパターンで一日を過ごすのであるが、その日もいつものようにコンペ終了後に夕方表彰式を行い、飲んで後カラオケ大会となった。

小事件はそのカラオケ大会の時に起こった。みんな酔った勢いでマイクを握り十八番《おはこ》を熱唱していた。私もあまり得意ではなかったが〝郷に入っては郷に従え〟とばかりに、御当地の民謡「会津磐梯山」を若い係の方にお願いした。しかし待てど暮らせど指名の曲が出て来ない。待つこと十数分、私も少々じれてきて、再度係に催促した。すると、当の係の男性から「会津磐梯山の曲はありません」との答えが返ってきた。びっくりした私は「この曲は福島の代表的な民謡でしょう？」と食い下がった。しかし残念ながらいくら探してもないのである。地元の代表的民謡が地元のカラオケにリストアップされていないと言うのは、我々沖縄県民にとっては信じられない珍事である。

しかし、それで驚くのはまだ早かった。当の歌曲リスト帳を見ると、ナントそこには我が沖縄県民謡が三十曲以上もリストアップされているのである。地元の人だと思われる若い彼にアドバイスした。

「地元のもの（歌）をもっと大切にしなさい。地元のみんなが歌ってはじめて地元の民謡になりますよ」と。私は悲しいような嬉しいような奇妙な気持ちになった。地元の文化は地元の人達が大切に育み後世につなぐ義務があると私は思っている。

世の中が平和であること

次に文化を維持し、その上発展させていく為には世の中が平和であることが絶対条件である。戦争と文化は相反するものだ。詳しくは後述するが、一六〇九年の薩摩の侵攻で中国貿易で得た富（文化といっても良い）の殆んどを薩摩に奪い取られたし、太平洋戦争では艦砲射撃によって沖縄中が焼け野原になり、全ての文化遺産も灰燼に帰した。県民は親兄弟、多くの身内同胞を失なっただけでなく、大戦後は荒野の中で惨憺たるドン底からの生活のスタートを強いられた。

沖縄県民はこの大戦から多くの事を学んだ。戦争によって惨禍を被るのは何時も無力な名もない一般住民である。戦争からは何の創造も呼び起こさないし、住民生活を潤してくれるものは何もない。あるものは破壊と殺戮だけである。今次大戦を振りかえると、その発端、その後の伏線は日本陸軍による満州事変、当時の永田鉄山の思想、それを受けついだ石原莞爾等の思想が流れついたのが太平洋戦争だったのでは…と一人考える。それらの戦争志向の考えを止める事ができなかったのは何故か？　とても残念なことだ。

翻って今から一五〇〇年、二〇〇〇年前の琉球の歴史を見ると、他人の物を盗む泥棒もいない。喧嘩する人もいない。ましてや戦争などあろうはずもなかった。それこそ〝南の楽園〞だったのだ。

一八五三年来島したペリー（一七九四―一八五八）は、この緑したたる小さな島、善良なる島民がエラく気に入ったようであった。彼は早速この〝小さな南の楽園〞をアメリカが統治するよう当時のフィルモア大統領に手紙で要請する。大統領からの返事は〝否《いな》〞であった。当時アメリカは北部の工場地帯と南部の農業地帯の人達が対立し、〝一触即発〞の状況下にあり、南の小さな琉球まではとても手が回るような情勢ではなかった。その後、間もなく南北戦争（一八六一〜一八六五）が勃発するからである。

歴史に〝もしも〟という言葉はないと言われるが敢えて言わせてもらうと、その当時南北の対立がなく、琉球がアメリカの統治になっていたら、今次大戦の惨禍もなかったかもしれない。

さらにその四〇年前の話を簡潔に述べたい。一八一六年、イギリス人船長アムハースト卿率いる一行が通商条約締結の為アルセスト号で中国にむけ出発した。アムハースト卿一行はその旅の行き帰り琉球に立ち寄るのである。緑したたる島、純朴な島人、南の楽園……。

明け方、那覇の町を散策すると、砂地の道路は綺麗に掃き清められ帚《ほうき》の跡が残っている。チリ一つもない。誰でも爽やかな気分になる。その帰途、琉球で見聞きした事柄をナポレオンに話す。

当時、ナポレオンはワーテルローの戦いに敗れ皇帝の座を失い、その結果、流刑でセントヘレナ島に幽閉の身であった。アムハースト卿一行は彼に面会、これまでの航海情況を話す。特に琉球の件ではナポレオンも即座に信じる事ができなかったという。もともと根が戦争好きの彼であってみれば、あり得る話である。話は後々ペリーが見るのと同じ琉球の情況である。即ち泥棒がいない、喧嘩する人がいない、戦争がない等々…。一八〇〇年代の琉球は本当に平和な島であった。昔の沖縄が如何に平和な島であったかが理解できる。それこそ、あの有名なナポレオンでさえも信じることができない程、平和な島であったのだ。

大戦では県民の生活、文化も大きな危機に遭遇した。戦後は米国民政府の統治で三〇年近くの〝テテなし子〟のような厳しい生活を強いられた沖縄は、この書の副題でもある泡盛も又、今日よく言われる〝絶滅危惧酒〟の域まで追い込まれた。このような、四面楚歌の危機的情況を粘り強く頑張りぬいた泡盛人、杜氏《チュ》《とうじ》を含めて関係者の先人達に我々は深く感謝しなければならない。

ことは泡盛だけでは済まなかった。殆んど全ての産業において苦しい営業を余儀なくされた沖縄。なかでも県民の食糧たる米も手に入らなくなった。その飢餓を救ってくれたのが〝ガリオア資金〟（占領地救済政府資金）である。ガリオアは米国が中心になって第二次大戦後、旧敵国の日本とドイツに対して米国の軍事予算から支出された援助資金である。主に食料や医薬品などの生活必要物資の緊急輸入に充てられた。日本もドイツもその恩恵に与《あず》かったのは勿論である。

当時アメリカでは米やとうもろこしが豊作で農家の大型サイロにはこれらの穀物が満ち溢れていた。読者諸兄も御存じのようにアメリカでは米やとうもろこしは殆んど家畜の飼料である。アメリカはその余った米を沖縄に援助物資として配給した。沖縄は飢餓を免《まぬが》れ、歌にもうたわれるようになった、「艦砲の喰《ク》え残《ヌク》さー」達は米国の恩恵を受けた。感謝、カンシャ。

しかし、その話にはまだ続きとウラがあった。米国では家畜の飼料が飽和状態でダブついていた。農家は飼料の買い上げ、処分を政府に要請しているところであった。米国政府は、その余った米を買い取り、援助物資として沖縄に配給したのである。こうして米国政府は自国の農家を助け、かつ沖縄県民を救済した。〝一挙両得〟〝一石二鳥〟である。メデタシ、メデタシ…。

このようにして一般住民は飢餓の情況から救われた。が、しかし、物資は万事がそう簡単にうまくいくものではない。安い米の流入で沖縄の稲作農家は米が売れなくなり壊滅的な状態に落ち入ってしまった。今度は農家の危機であり崩壊である。これも戦争のなせる〝ワザ〟か？尊い無辜《むこ》の二十万以上の人々の命を奪った後の話である。道理にあわない。泣くに泣けない。悔やんでも悔みきれない。筆者もこの大戦で姉（長女、当時一八才）を従軍看護婦（白梅学徒隊）として失った一人であるから…。

思い出すと涙が止まらない。次に進もう…。

閑話休題

その地域が共有するもの、そして平和であること。文化がこれら二つの条件をクリアすると次は心の問題だと筆者は思っている。物事を成すも成さぬのも心の作用である。最近では殆んど耳にする事もなくなったが、「霊主体従《れいしゅたいじゅう》」という古い言葉がある。人間は霊《たましい》、即ち心が主で体はその心の従属的な存在であるという事だ。私も若い時にはその言葉の真の意味を理解することができなかった。

三十代になったある時、『音楽之友』という月刊誌に大意、次のような記事があった。

南米アルゼンチンからギターリストが来日し、各地で演奏会が開催された。その演奏会を見た聴象は皆感動して帰っていった。云々…。

最初この記事を読んだ時にはたいして気にもならなかった。が、しかしである。その記事から十余年もたって忘れかけた頃、当のギターリストが再来日した。今回は演奏会の様子がテレビ放映され、視聴者を驚愕させた。読者諸兄にも、そのテレビニュースを御覧になった方もおられると思うが。ナント!! 彼には両腕がないのだ。日本全国の視聴者が度肝を抜かれた事だと思う。私もビックリした。と同時に、これこそ「霊主体従」だと悟った。両腕はなくとも〝ギターが弾きたい〟〝ギターが大好きだ〟と思う彼の心（霊）が彼にギターを弾かせているのだ。両手両足五体満足な我々健常者は、かのギターリストの心をそれこそモット！ モット！ 学び習うべきだ。それを単なるニュース画像として聞き流すのは勿体ない。常日頃、我々の身の回りにはこのような学ぶべき事例がいくらでである。それに気がつくか、気がつかないか。又、たとえ気がついても、それから学ぶ気（心）がなければ、我々は向上発展の芽を自ら摘み取っているのに等しい。

さらにもう一つ。十五年ほど前のニュースである。当時、米国で四十代の画家が大変な人気で絵の制作が間に合わない程の評判であったらしい。この話には、読者諸兄もさらにさらにビックリされるだろう。私にとっても初めての話であったが、彼女は全盲の画家であったのだ！「霊主体従」を象徴とする恰好の事例である。筆者も中学三年までは将来は画家か音楽家かと迷ったほどに絵には興味を持っていたが、この全盲の画家の話には肝を潰した。

般若心経の中に「色即是空《しきそくぜくう》、空即是色《くうそくぜしき》」という言葉がある。

お経というと、お坊さんが告別式で唱えるものと一般の人々は思っているが、本来は仏陀が説いた教えである。色とは人間の五感（視覚、聴覚、嗅覚、味覚、触覚）から起こる欲望のことである。例えばデパートなどで陳列されているブランド品のハンドバッグや綺麗な洋服などを見ると殆んどの女性は、それを腕に掛けてみたい、その洋服を着けてみたいという欲望が起こってくる。という具合に五感で受ける刺激で欲望が生じてくることである。私は自分流で〝空〟は心と解釈している。即ち「人間に欲求や欲望が起きるのは心の作用で、その欲求や欲望を抑える我慢も又、心の作用である」と。

心こそ心まどわす心なり
心に心　心せよ心

最後に、明治初期「開国の騎手」といわれた小笠原長行《ながみち》の言葉でしめたい。
「世の中で本当に立派な行いと言うのは、忠なり義なりの、もう一つ奥にある真心だ」。

一、文化発展の形態

われわれが小学校、中学校の歴史や社会科で学習して来たように、人類社会の歴史は世界の様々な場所で、それぞれ異なった進化発展をとげて来た。ある地域では早々と文字を持ち、金属製の道具を使い、産業を発展させた社会が生まれた一方で、片や文字を持たない農耕社会が長く続いた地域もある。又、棍棒や簡単な石器を使って狩猟採集生活を送る社会が回りの他の社会から隔絶されて長く続いた地域もある。こうした歴史の流れで生じた不均衡は、近代現代の世界に長い暗い影を投げかけている。

例えば文字や金属器を持つ社会が、それらを持たない社会を屈服させ支配したり、又は絶滅させた事実は歴史が物語るところである。では何故そのような差異が生じ、社会現象が起こったのか、その理由については未だに明らかになっていない。その解明は、歴史学者や人類学者にまかせて、私は次に進んで幾つかの例を挙げてみたい。

ピサロとアタワルパ

一四九二年にクリストファー・コロンブスがカリブ海諸島を発見し、原住民と接触したのがアメリカ大陸の忌まわしい歴史の始まりと言っても過言ではない。色々と歴史的事実があるなかで、南米ペルー北方で起こった事例をとりあげたい。

それは一五三二年スペインの征服者ピサロとインカ皇帝アタワルパによる戦いである。ペルー北方の高地カハマルカで出会った両者は、アタワルパ軍八万人、ピサロ軍三百人程の両軍勢だったと言われている。しかし勝敗はピサロ軍の大勝で、アタワルパはピサロの捕虜になる。何故そのような結果になったかは簡単に説明がつく。ピサロ軍は鉄製の甲冑に身を固め、鉄製の槍、剣、短剣や鉄砲で武装し、且、馬に乗った騎馬隊である。一方、アタワルパ軍は機動性にすぐれた馬等も持たず、鉄製の武器もなく棍棒を持って徒歩でたち向かっていった。これら両者の装備を見ると、勝敗は最初から決まったようなものである。それは戦闘能力や戦闘技術の差ではなく、それ以前の装備の差である事が解る。

ピサロとアタワルパの戦闘は、ヨーロッパの高度に分化発展をとげた地域と、南米の未発展地域の対立で簡単に決着をみた。これと異なる対立の場合、戦闘技術や装備だけで問題が片づかない場合もある。国全体の文化発展のバランスや、国民が考えている精神面における不均衡の場合にも問題が起こりうる。

アヘン戦争

清の乾隆帝《けんりゅうてい》（一七一一〜一七九九）の時代に、英国は通商改善の交渉を行ったが、清国政府は対外貿易などには全く関心を示さなかった。逆に「わが天朝は無い物はないほど豊かであるから外国と通商する必要はなく、慈善の精神で交易に応じているに過ぎない」と、まともに貿易に応じる気配など全くなかった。当時の交易の実態からみても清国への輸入商品は清国の住民にとっては不要不急の奢侈品が多く、逆に清国から輸出する茶葉はイギリスの人々には生活必需品になっていた。

十六世紀にヨーロッパに紹介された茶葉であるが、十九世紀にはいってイギリスでは〝ティータイム〟が習慣化し、日常生活には欠かせない必需品になっていた。そのような生活状況での貿易収支は中国の出超、イギリスの入超で所謂〝片貿易〟の観を呈するようになった。最初に述べた通商改善交渉とは、この〝片貿易〟解消の為の交渉である。この交渉に失敗したイギリスが考え出した次の手が〝アヘン〟である。このアイデアは大成功をおさめた。今まで万年入超という片貿易を逆転したのである。

イギリスは自国の植民地であるインドで芥子《けし》を大量栽培、アヘンを精製して中国に出荷した。アヘンはもともと医薬品として用いられ、マラリア等の風土病の鎮痛剤として用いられていた。薬として服用しているうちに習慣性となり、アヘン中毒になる者も出たと言われている。アヘン吸飲の風習は恐らく中近東あたりが発生地であろうと言われているが、一旦それに取りつかれると、なかなかそれを断ち切る事ができない。中国にアヘンが持ち込れると、アヘン吸飲者が急速に一般大衆のあいだに広まった。中国でのアヘン吸飲が何故急激にひろく行き渡ったのか？　それには幾つかの理由が挙げられる。

乾隆帝の朝廷をはじめ王侯貴族はみなその当時の文明文化を享有して居たが、それは一部の上層階級の者で、一般民衆は文化の恩恵に浴するような生活レベルではなかった。むしろ日常生活の苦しみからいかに逃避するかを考える日常である。アヘンはこの現世の苦しみを暫しのあいだ忘れさせてくれる良薬と思われたのである。

又、一方でアヘン商人が行った、民衆の無知につけこんだ宣伝や、セックスが長つづきするといった口コミ等で急激に一般民衆に浸透していったものと思われる。このような状況を目のあたりにして巨利を貪ったのが、イギリス、中国、両国の悪徳商人の密貿易である。イギリスはもともと東インド会社を通じて各植民地の収奪をはかったが、アヘン貿易による暴利の誘惑にはイギリス商人も勝てなかった。このように密貿易の影響もあってアヘンは大量に中国に流入し、益々アヘン吸飲者が増えていった。

アヘン吸飲者が増えて困るのは中国側である。一度吸飲をおぼえ、それが習慣化すると、二度と吸飲を止める事は不可能となる。その吸飲はこの世の全ての苦しみを忘れ、夢の桃源郷を見る。そして全ての意欲をも失なわせるのである。多くの民衆が働かなくなると税収が減り、アヘンの代金収入で銀の大量流出（当時、中国は銀本位制であった）となり、中国財政を圧迫した。中国はたまったものではない。早速アヘン貿易禁止、密貿易取り締りを強化した。勿論イギリスもこれに強く反発する。このような経緯で始まったのが〝アヘン戦争〟である。

その結果は読者諸兄の御存じの通りである。決定的な敗北を喫した中国は、一八四二年南京条約をイギリスと締結し、香港割譲、広東、厦門《アモイ》、福州、寧波《ニンポー》、上海の開港、多額の賠償金を支払わされる事になった。このような事例は、上層の一部の人達、下層部の大勢の人達、即ち支配階級と被支配階級の文化形態の違い、文化の乖離の事例である。

支配階級の贅沢奢侈な生活、被支配階級の苦しいドン底の生活が、今述べた経過と決果を産んだのである。この二つの事例を参考にしながら、次へ話を進めたいと思う。

二、酒のはじまり

われわれが日頃飲んでいる酒の歴史は意外に長い。しかし又、その起源から今日までの足跡ははっきりしない部分が多く、研究者を悩ませている。

今日ワインと呼ばれている酒（醸造酒）は紀元前四〇〇〇年頃にはすでに造られていたようである。それがどのようにして世界中に広まっていったかはこれ又謎が多く、厚いベールの向こう側にある。アジアや南アメリカでは昔から口かみ酒が作られているのが分かっている。インカ帝国や、台湾の通称高砂族《たかさご》でも作られている。

筆者の父親（故人）の話でも、太平洋戦争前まで沖縄でも口かみ酒が作られ、宗教儀式のさい祭壇に供えられたと聞いている。沖縄ではその酒を〝じんす〟と呼んでいるが、それは本土でいう〝神酒〟が沖縄独特の方言もあって〝じんす〟と呼ばれたのであろうか？

口かみ酒は若い処女によって米や他の穀物を口で噛み砕き、それをはき出して容器に入れ発酵させる。

現在でも、旧暦の五月一五日（グングワチウマチー）には稲の初穂を神様に感謝して、集落内の昔からある古井戸を拝礼して回る。旧暦六月一五日（ルクグワチウマチー）には稲の収穫を神様に感謝して同様に各井戸に拝礼して回る。五月、六月とも〝じんす〟と一摘《つまみ》の米を供え、それして線香を焚く。現在ではその〝じんす〟が泡盛に代わっしまったが、儀式終了後に、集まった皆で〝じんす〟を飲むようになっている。その〝じんす〟も業者が請負いでその都度作るので、全く形式的なものになってしまった。

現在は泡盛が用いられているが、泡盛と口かみ酒（じんす）は全く別物である事は読者諸氏も御存じのことと思う。後ほど詳しく説明するが、泡盛は米麹及び水を原料として発酵させ、アルコール含有物を蒸留したもので、いわば蒸留酒である。一方口かみ酒は醸造酒である。その製造法をみても、口かみ酒は単純な方法で、材料と容器さえあればできる。泡盛は製造行程が複雑で、麹菌、もろみ、蒸留等々、どの工程も最高の技術と注意力が要求される。いきなり難しい話になって来たが、このような技術と注意力を必要とする泡盛は何時頃から琉球で造られるようになったのだろうか。長い琉球の歴史を見ると、その誕生は琉球ではない事は分かっている。では、どこから何時、入って来たのか。現在、中国からの説、タイからの説と二つに分かれていて、今だに確定されていない。

ジョージ・H・カーの『沖縄・島人《シマンチュ》の歴史』によれば「一四三二年から一五七〇年の間に安

南、シャム、バタニ、マラッカ、そしてジャワの東南アジアの王国群へ少なくとも四十四回にのぼる公式の使節が送られている」との記述がある。又、南山、中山、北山の三王府はいづれも一三九七年には朝鮮に使節を送っている。その中でも中山は一四〇三年に京都の足利将軍のもとへも正式に使節を派遣している。

　このような史実を見ると、素人目には幾つかの疑問が浮んでくる。三山も統一されていない時期、今から六〇〇年も以前に小さな〝サバニ〟ではなく太平洋の荒波にも耐えうる大型船の製造技術や航海術を何時どこから、どのように伝授され、或は仕入れて来たのだろうか？

　当時の琉球ではそのような大型船を造る技術はなかっただろうし、又、その材料となる大木も琉球だけでも入手補充も困難であっただろうと考えられる。たしかに、史実によれば難破船の記録は多数あるにはある。それとて琉球で建造されたという記録ではない。察度王時代に明への朝貢により無償で大型船が支給されたともある。しかし、それも最初の航海だけで、すぐに打ち切られている。

　高良倉吉氏の『アジアのなかの琉球王国』にも、琉球の造船技術者、吾甫也古《うふやこ》と三甫羅《さぶろう》の二人が一四三三年の事として紹介されているが、以上の事柄を総合的に考えると、当時の人々、船を造る技術者、それを操る船員も、命を賭けての大事な仕事だったことが想像できる。そのような時代を背景に東南アジアの大海を縦横無尽に大交易を続けた先人達の業績に、我々は大きな尊敬の念をおぼえる。

古老の言葉に「唐《とう》やさし傘、大和《やまと》や馬のチマグ、沖縄《うちなー》や針先」が思い出される。これは国土の広さを比較した言葉で「中国は傘を広げたように広く、それに較べ日本は馬の蹄《ひづめ》の広さで、沖縄は針先のように狭い所だ」という意味である。この言葉を思い出すと、尚のこと琉球人の凄さ、気宇壮大さが解る。針先のような南海の小島でしかも少ない人口にもかかわらず、先人達の残した業績は世界史の驚異である。当時の琉球の人口は一〇万人から三〇万人だっただろうと推定されている。狭い国土で食料自給の問題から、そう推定されている。台風の襲来や飢饉などを考慮すると三〇万以上の人口を養うには無理があったと考えられる。

三、中国の歴史と琉球

琉球の歴史にくらべ、中国はそれこそ長い長い悠久の歴史を誇っている。その長い歴史をみると、琉球との関わりは短い期間だったことが分る。にもかかわらず我が琉球は中国から多大なる影響、恩恵を受けたのである。中国との交易をみる前に、その歴史の流れを追ってみるのも「文化論」の上でも無駄にはならないと思う。

紀元前二二一年、秦《しん》の始皇帝が中国史上初の統一国家を作り上げた。広い中国で初めての王朝である。しかし、秦も三世一六年で漢の高祖に滅ぼされる。次に続くのは、三国志の時代である。漢王朝が民衆の反乱によって潰され、曹操、劉備、孫権といった英雄達が登場し、乱世が一〇〇年以上も続くのである。その後劉邦によって「前漢」と現在呼ばれている王朝が二〇〇年にわたる泰平の世を築く。続いて「後漢」も一〇〇年以上の平和な時を過すのであるが、一八四年、黄巾の乱が起き又もや内乱状態になる。その後、晋、趙の王朝を経て隋王朝にいたる。隋も二代目で唐王朝に天下を奪われる。唐王朝は中国史上最も繁栄した時代だったといわれているが、安禄山の乱、黄巣《こうそう》の乱等で国家は乱れ、崩壊に到る。その後、又もや長く内戦に明け暮れる乱世が続くのである。それに終止符を打ったのが趙匡胤《ちょうきょういん》である。彼はその乱世を鎮め宋王朝を樹立し、中国を統一する。一一二五年頃、騎馬民族の侵略を受けるようになり、王朝は南北に分裂する。

一二七九年、ジンギス・ハーンに率いられた騎馬民族のモンゴルは宋を滅ぼしモンゴル帝国を樹立する。すなわち元王朝である。一三五一年、紅巾《こうきん》の乱で元王朝は、滅び、またもや戦乱の世になる。この乱世を平定したのが反乱軍のリーダーだった朱元璋である。彼は競争相手をことごとく抑えて、明王朝を樹立する。こうして二六〇年の平和が続く。朱元璋は自らを洪武帝と名のり、回りの国々に朝貢を強要し、隣国を従わせるようになる。

一三七二年、楊載《ようさい》を団長とする一行（人数は不明）が時の琉球中山王察度に入貢を勧めるべく来琉する。中国と琉球との朝貢関係は洪武帝と察度の関係を嚆矢とする。爾後、朝貢関係は日本の明治時代まで続くのである。その間、中国は満州族の清王朝に代る。清王朝は一九一二年まで二六八年間続く。清は一八九四―九五年の日清戦争によって日本の義務教育で教えられる国名である。

一九一一年、孫文による革命勢力の蜂起、その後毛沢東の革命で中華人民共和国が一九四九年に樹立され現在に到るのである。

中国の長い歴史の中で、中国と琉球の交易が行われたのは、実にこの明、清の両王朝の短い期間であったことが分る。以上の歴史の流れを踏まえて次に進もう。

四、泡盛の伝来

琉球と東南アジアとの交易は一四三二年頃に始まり、その後一五七二年まで一四〇年間にわたって盛んに行われ、それぞれの地域の珍しい物品を琉球にもたらした。一方、中国との朝貢も三山統一以前より始まっていて（一三七二年、洪武帝の時代に始まったことは前章で述べた）、海洋国家、〝琉球〟の大交易時代が始まった。三山統一以前には、中山四二回、南山二四回、北山十一回とかなりの回数に及ぶ朝貢が行われている。勿論、三山統一以降も朝貢は色々変遷を経ながら明治維新直前まで続いている。

これらの情況から、泡盛伝来は東南アジアからとも考えられるし、中国伝来も充分ありえる。一三九二年に中国福建省から閩人《びんじん》三十六姓が琉球に帰化した事は良く知られた史実であるが、彼等は高い技能を持ったプロの集団であった。それこそ琉球で文書の作成や通訳、舟匠、水先案内のほか、政治学問のプロ中のプロとしてあらゆる分野で活躍した。又、琉球に儒教をもたらしたのも彼等で、その後の琉球の思想、文化に大きな影響を与えている。

福建省福州市には今も〝琉球館〟跡の碑が残っている。それは大交易時代を物語る大事な碑である。朝貢使節団（一〇〇名～一五〇名）一行は福州市（最初の頃は泉州であった）に到着すると、そこで旅装を解き、皇帝への使節達約一五名から二〇名が中国人付添人の案内により北京（最初の頃は南京）へ陸路と運河をついで旅立った。その間、福建省の琉球館に残った従者達は、そこで色々な情報や珍しい物品に触れ、それらを琉球に持ち帰った。それらの中に泡盛に関するものがあっても、不思議ではない。

このような歴史があっても、泡盛に関しては長い間、〝タイ伝来〟説が主流をしめていた。その原因は郷土史家の発言が影響している。一九三三年（昭和八年）、郷土史の大家・東恩納寛惇はタイのバンコクを訪れた際、そこでタイの酒〝ラオ・カオ〟を賞味する機会を得た。その時「匂いも味も泡盛と同一である」とその感慨を述べた。そして「泡盛は東南アジアの交易で沖縄に伝来した蒸留酒である」との説を開陳したのである。彼の説〝タイ説〟はその後六〇年以上にもわたって多くの人々に信じられて来た。

しかし、この長い間信じられて来た〝タイ説〟に疑問符を投げかけたのが、一九九六年に出版された『泡盛浪漫』（泡盛浪漫特別企画班編）である。同書は中国雲南省をはじめ、東南アジアの広い地域にわたっての泡盛に関する調査、踏査報告書である。筆者も大変勉強させてもらった。泡盛研究家や泡盛愛飲家の方々にも是非とも一読を薦めたい良書である。今後の泡盛研究にとって大いに手助けになる貴重本だと私は信じている。

五、泡盛の歴史

前述したように、琉球は東南アジアとの交易を一四三〇年代から盛んに行ってきた事は分かっている。その時期における交易で蒸留酒が入って来た可能性が高い。時の王府、尚真王の外交記録には、南蛮酒、天竺酒、香花酒等々の酒類が琉球にもたらされた。と前出のジョージ・H・カーの著書にも述べられている。

一四七〇年、離島伊是名《いぜな》の農民の身分から身を起こした金丸はその後尚円王となって即位する。その子尚真王と二代にわたる時代は琉球で始めて中央集権国家が確立し、琉球社会は安定した方向をたどる。農民をはじめ、士族階級にいたるまで安定した生活を送り、尚真王時代には琉球黄金時代をむかえる。一四七七年から一五二六年間にわたって在位した尚真王は、彼の業績を記念すべく建てられた碑には、次のような事柄が書かれている。主なものを幾つか挙げると

一、仏教を保護奨励した。

二、民百姓の税負担を軽減した。

三、武器の私有を禁じた。
四、身分制を確立した。
これで全てではないが、この書ではこれで充分である。尚真王の改革で琉球の民は安定した生活を送る事ができた。これらの改革で最も驚嘆すべき事頃は三番目の〝武器の私有を禁じた〟ことである。王府の長い安定をはかる意味では最高の改革である。因《ちなみ》に豊臣秀吉が〝刀狩り〟を断行したのは一五八八年である。尚真王のそれは秀吉よりも六〇年以上も早い改革である。

しかし、後にそれが禍《わざわい》を招く事になるのである。その禍は大和からやって来た。

当時の大和は乱世、戦国時代である。特に薩摩は長い間、財政赤字に苦しんでいたが、更に一六〇〇年の関ヶ原の戦いに出陣して敗れ、支出した莫大な軍費の補填に苦しんだ。その赤字財政たてなおしに登上したのが調所広郷《ずしょひろさと》である。彼は財政たてなおしに色々手をつくしたが、その一つが琉球の唐貿易からの利益搾取である。彼の名は現在でも鹿児島では有名である。鹿児島市の天保山公園の一画に彼の銅像がある。その台座の説明文の最後の部分に大意次のように書かれている。〝彼は琉球を通して唐と交易を行い赤字の解消に尽力した〟と、我々沖縄県民からすれば誠に失笑ものである。

一六〇九年薩摩は琉球に侵攻して来た。それは尚真王没後八〇年近くもたっていた。その間、武器私有を禁止されていた武士達は平和世に馴れ、薩摩兵の対戦相手ではなかった。当時の大和の戦国時代に鍛えられ、なおかつ、弓矢、鉄砲等の飛道具に対して琉球側はなす術《すべ》もなかった。同年三月二五日に運天港に上陸した薩摩軍は四月三日には首里城を攻撃し、四月五日琉球側の降服となった。

その一〇〇年程前、即ち一五一五年には薩摩に泡盛が渡ったとの話が残っている。しかし、当時は〝琉球焼酎〟とか単に〝焼酎〟と呼ばれていたようで、〝泡盛〟と呼ばれるようになるのはまだまだ先の事である。

薩摩の琉球侵攻以降、〝琉球焼酎〟は薩摩や江戸幕府へとさかんに献上されるようになった。当時、江戸での〝琉球焼酎〟はとても貴重なもので、時の将軍家宣の家来で身分の高いごく一部の人しかその恩恵にあずかる事ができなかった。焼酎は、武家にとって単なる嗜好品ではなく、刀傷の消毒用として欠かせない薬でもあった。

将軍徳川家宣《いえのぶ》、家継の二代にわたって、学者、政治家として仕えた新井白石もその著書『南島志』で泡盛について「その色と味は清らかで、さらりとしており、長くおいても変質せず、人をすぐ酔わせる」と述べている。彼は江戸上《ヌブ》いした琉球使節団からの聞き取りでその『南島志』を記述したと言われるが、その当時から〝琉球焼酎〟がいかに評判が良かったかが分かる。

一六〇九年の薩摩の侵攻以後、薩摩の支配下に置かれた琉球は、慶賀使（将軍の就任を祝す）、謝恩使（琉球国王の即位を謝する）をその都度派遣する事を義務づけられた、これを〝江戸上り〟と言うが、その道中（薩摩まで）を歌と踊りで表現したのが〝上《ヌブ》い口説《クドゥチ》〟で我々沖縄県民にはお馴染みの音楽、舞踊である。江戸上りは一六三四年から一八五〇年まで続き、計一八回もあり、その時の献上品目の中で〝琉球焼酎〟は特産品として大きなウェイトを占めていた。

その献上焼酎の一覧表を見ると、その都度かなりの焼酎が甕詰《かめづめ》で献上された事が分かる。その一覧表によると、最初は〝焼酎〟で、一六七一年尚貞王の時代に〝焼酎〟から〝泡盛〟に名称が変っている。その名称は最後の一八五〇年まで続く。もともと琉球国内では〝サキ〟と呼ばれていて、その呼び方は現在まで続いている。

焼酎の記名は、当時の〝薩摩焼酎〟にならって、そのように書き送った可能性がある。しかしながら薩摩焼酎と泡盛では、味も匂いも全く違うし、度数もかなり違う。江戸の人達もその違いをはっきりわかっていて、泡盛の方がより人気が高かった事は新井白石の『南島志』でも分かる。そのようなこともあって、一六七一年尚貞王時代になり〝琉球泡盛〟とはっきり表示されたものと思われる。

六、酒の分類

泡盛はアルコール飲料の中でどのような範疇に入るのだろうか。簡単にその分類をあげてみよう。酒は世界中で飲まれているが、大きく次の三つに分類されている。

1、醸造酒
2、蒸留酒
3、混成酒

醸造酒は果物などの汁、穀物や芋類などを発酵させて造る。所謂にごり酒、又はそれ等を澄ました酒である。例を上げると日本酒（清酒）、ビール、ワイン等である。原材料でいうと日本酒は米、ビールは麦（麦芽）、ワインは葡萄である。ビール、ワインはもともと外国伝来であるが、現在では日本でも盛んに造られている。

蒸留酒は醸造酒を熱して、その蒸気を冷やしてアルコール分を溜めた酒である。焼酎、泡盛、ウィスキー、ブランデー等が代表格である。その他、ロシアのウォッカやメキシコのテキーラ、ジャマイカや西インド諸島のラム等もあるが、我々には少し馴染みがうすい。しかし、これ等の酒類も国内で簡単に入手可能である。

混成酒は、その名の通り蒸留酒や醸造酒をもとに、果物、薬草、花、香料等を混ぜて造った酒である。沖縄ではニンニクを泡盛に漬けてニンニク酒を造る習慣は結構古くから行われている。風邪のひき始めや強壮剤として家庭の常備薬であった。しかし、専門家（医者）に言わせると、あまり薬効はないと言う人が多い。筆者も混成酒を多少は持っている。例えば、ニンニク、アロエ、アシタバ、梅、リンゴ、黒檀の実、ノニ等々…。アロエ、アシタバ酒は何十年来愛飲している。私自慢の混成酒である。

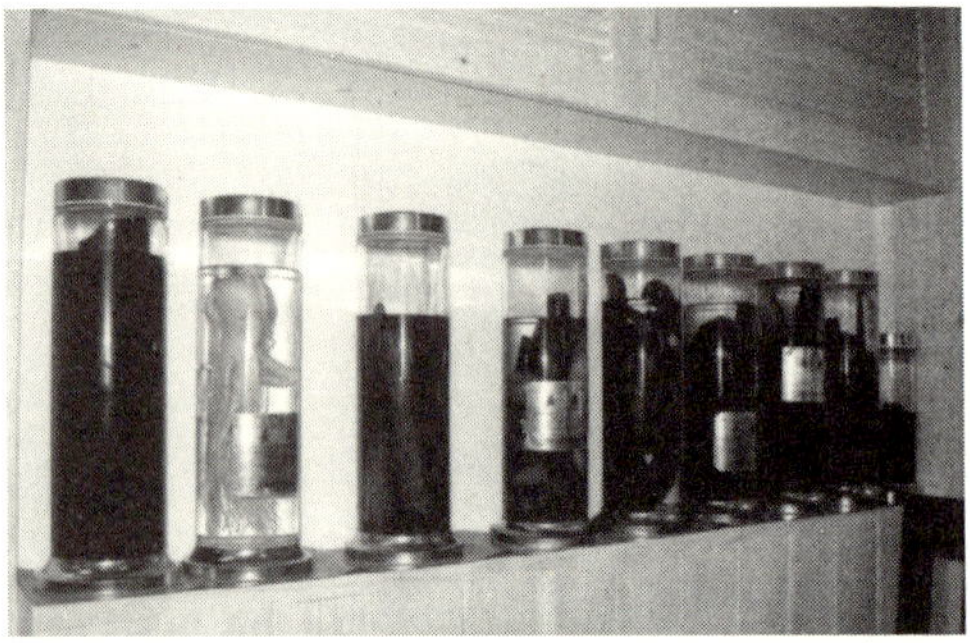

沖縄長生薬草本社の薬草酒

沖縄県南城市（旧佐敷町）に観光薬草農園「沖縄長生薬草本社」があり、種々の薬草を生産販売している。又、社内にあるレストランでは薬草を中心にしたサラダや料理が楽しめて、昼食時には県内の人は勿論のこと、大勢の観光旅行者で賑わっている。店内は種々の薬草酒が所せましと並ぶ。私は薬草酒に目が行き、同道の妻は食事に目がいく。泡盛愛飲家は健康管理の為にも是非一度、「長生薬草本社」へ行くことをお薦めしたい。

話を分類にもどす。泡盛は以上述べたうちの蒸留酒に分類される。日本の酒税法では〝焼酎乙類〞として分類される。

一六七一年、尚貞王の時代に焼酎から泡盛と名称が落ちつき、明治時代まで続いた。その後大正、昭和へと時代が下ると、商標登録問題でいざこざはあったが、間もなくそれも解決を見る。

一九八三年（昭和五八年）四月一日から大蔵省令によって泡盛が認知され、「泡盛とは米麹及び水を原料として発酵させたアルコール含有物を蒸留したものをいう」ようになった。そこで〝本場泡盛〞が誕生したのである。甲類は蒸留方法が連続式蒸留器で造られた焼酎で、アルコール分が三六度未満の酒をいう。乙類は甲類以外の焼酎をいい、アルコール分四五度以下のものをいう。

このような法律、税金問題は我々素人には実に煩わしく、しかも苦手の分野である。が、泡盛とは〝焼酎乙類〞でアルコール分が四五度以下だと思えばよい。四五度以上はスピリッツと呼ばれ、酒税法では泡盛の範疇には入ってはない。

崎山酒造の五〇度の酒や与那国町の崎元酒造、入波平酒造、国泉泡盛の六〇度の酒は全てスピリッツである。その他にも神村酒造の五一度、神谷酒造の五二度等もある。

これら度数の高い酒はストレートで飲むには少々キツ過ぎる。ソバに喩《たと》えると麺の腰はしっかりしているが味の濃い汁が飲みづらい…という感じである。しかし、五〇度六〇度でも二〇年も熟成させると、それこそ通人、玄人の欲する味わいになる。（二〇年も待つのは大変だが）。一八一六年来琉のイギリス人、バジル・ホールや一八五三年来琉のアメリカ人、マシュー・カルブレイス・ペリー等が賞味したと言われる古酒は、恐らく五〇度か六〇度の一〇〇年古酒か一五〇年古酒と思われる。何故なら、当時の貯蔵技術（特に甕のフタ）では三〇度や四〇度の低い度数では一〇〇年以上持ちこたえられないと思われるからである。

筆者も三〇年古酒や四〇年古酒を賞味した経験があるが、流石に三〇年以上も熟成させた泡盛は香りといい、味といい、至福の時間を楽しむ事ができる。しかし、三〇度の低い度数の泡盛では、二〇年を過ぎるとよく言われる〝コク〟がなくなり、水っぽくなる。それ故、一〇〇年以上も古酒として熟成させる為にはできる限り度数の高い泡盛が良いと私は考えている。

当時の琉球王朝の泡盛は主に接待用と思われるので、長期熟成を考えれば五〇度以上の度数が必要であったのではなかろうか？　ここでも又、先人達の泡盛に対する経験や思慮、文化に対する愛情が見えてくるのである。

七、焼酎にまつわる話

この話は泡盛がいかに沖縄の素晴らしい宝物であるかを実感した私の体験談である。

二〇一五年（平成二七年）三月、甥の一人（私には七名の甥がいる）が結婚式を挙げることになった。お相手は九州生まれで九州育ちの美女である。式場が鹿児島なのが少し遠い感じがしないでもないが、実は鹿児島は私にとって思い出深い土地柄でもある。

学生時代、東京への行き帰りは鹿児島経由が通常のコースだった。それは経費節減が主な理由だった。当時の汽車（東海道本線）は安く、おまけに学割で半額だった。そこで東京へ行くには、まず船で二十四時間かけて鹿児島へ向かう。そこから列車の乗り継ぎがよければすぐに列車に乗れたが、タイミングが悪ければ安い旅館に一泊するのである。それ故、鹿児島は学生生活のあいだには何度となくお世話になった思い出の街である。

しかし、今回の楽しみはそれだけではない。鹿児島をはじめ九州地方は焼酎の名産地である。私の期待はむしろその〝うまい焼酎〟にあった。

結婚式は午後三時頃から始まり、夕方六時頃までには滞りなく終わった。花嫁はそれは美しかった。

式がお開きになった後、私は特にする事もないので、早速ホテルのマネージャーらしき男性に近くの居酒屋の所在を確かめ外出した。目的の居酒屋はすぐに見つかった。

その居酒屋は少し広めで、二つのテーブルに十名程の若者が飲んでいた。私は一人カウンターの椅子に腰を掛け、焼酎を注文し、昨日沖縄から来たこと、酒が好きなことなど、簡単な自己紹介をした。カウンターの中にいる女性は年の頃二十二、三歳の薩摩美人だった。

私は銘柄の異なる六種類の焼酎を中型コップに半分ずつ注いでもらい、テイスティングを試みた。

沖縄と薩摩の昔からのかかわり、かの有名な西郷隆盛などの話を酒のつまみ代わりに注がれた焼酎を飲み比べてみた。

九州の焼酎には原材料の種類によってソバ焼酎、麦焼酎、キビ焼酎、芋焼酎などの種類があるという。鹿児島では芋焼酎が主流で、度数もほとんどが二五度である。その材料と度数の所為か、銘柄の違いにかかわらず、ほとんどの焼酎が同じに感じられた。そのため、テイスティングのつもりだった私には物足りなく感じた。

やはり「酒は泡盛にかぎる」と、実感した鹿児島の夜であった。

一夜明けて、翌日は午後五時発の沖縄行きの飛行機だったので、その空き時間に城山公園まで足をのばし、西南戦争の末期に西郷隆盛が立てこもった西郷隆盛洞窟、自決の碑など、市内観光をして帰路についた。

八、名前の由来

沖縄では仲間同士で〝泡盛を飲みに行こう〟とは言わない。ほとんど〝サキ飲みに行こう〟である。サキは沖縄で一般的な常用語であり、古くからの呼び方で、今日でもそのまま用いられている。「五、泡盛の歴史」でも触れたが、泡盛は薩摩侵攻後、尚貞王時代からの焼酎と区別する為の呼び方であり、他府県人に説明、紹介するための用語のように思える。では、何故〝泡盛〟と呼ばれるようになったのだろうか？　その由来には様々な説がある。

その一つは泡盛を造る原料に粟《あわ》が使用されたと言う説である。現在ではタイから輸入された砕米かインディカ米が使用されているが、かつては粟でも造られていた。琉球王国時代に、泡盛の原料として米と粟が支給された記録がある。米は日常の食料である。万が一、米が不作で食糧不足になった場合に粟の使用が認められ、米と粟の支給となった。と考えられる。それは泡盛の香りや味にもかなり影響したのではないだろうか？

二つめはアルコールの強さを計る時、上から下の容器に注いで、その時の泡立ち具合を見てその強さを計った説。それは相当熟練した経験者の目による計り方である。アルコール分が高

い程、泡が長く持続し消えにくいと言う。古くはそれを〝アームリ〟とか〝アームル〟とか呼んだようで、それが転じて泡盛となったとする説である。

三つめは、薩摩が九州の焼酎と区別するために、泡盛と名付けた説。薩摩侵攻後、琉球から薩摩を通して江戸へ献上された泡盛は、先ほども記したように薩摩でも江戸でも大変人気が高かった。当時江戸では酒粕《さけかす》で造った焼酎があり、又、その焼酎と泡盛との混合酒もあったりで、琉球の泡盛とはっきり区別する為に命名された、とする説である。

以上のように様々な説があるが、まだ定説はない。いずれにしろ四〇〇年も以前から〝琉球泡盛〟が高い評価をかち得ていた事は、我々沖縄にとっては大きな誇りである。

九、麹菌について

アルコール（焼酎、ビール、日本酒、ウィスキー等）をはじめ、味噌や醤油等を造るにも麹《こうじ》が必要である。黴《かび》の一種である麹菌は泡盛造りにも欠かせない〝モノ〟でそれの〝良し悪し〟が泡盛のでき上りを左右する。筆者も時々酒場工場を見学させてもらっているが、特に山川酒造の山川社長には色々と泡盛造りについての御教授を頂いている。「泡盛造りは麹づくりである」と何度も言われたのが、とても印象に残っている。

私のような素人には理解が及ばない世界であるが、その言わんといる所、言葉の重みは理解できる。瑞泉酒造の創立者・佐久本政敦氏の著書『泡盛とともに』も貴重な体験本で、長年泡盛造りに携わってきた人だからこそ言える言葉が随所にちりばめられていて、とても立派な本である。その中で麹菌についての記述があるので紹介したい。

当時の麹造りは、殆どが主婦の担当であった。麹造りは細心さが必要であり、女はずっと家に居るので麹造りに適任だった。この麹造りを指して「赤ちゃんを育てるように麹を育てる」と言っていた。子供の面倒をみるように、寒い時は毛布をかぶせ、暑い時は窓を開けて風通しをよくする細かい心遣いが必要というわけだ。そういう意味でも女の人は麹造りに適任だった。麹は生物だから、絶えず様子をみて、気候の変化、朝夕の気温に注意を払わなければならない。だから朝も早く起きて見回りをし、夜も必ず見回って様子をみていた。本当に目の離せない、気の抜けない仕事で、しかもこの麹の出来いかんで酒の味が左右されるのである。今日ようなコンピュータではなく〝勘〟と〝経験〟だけがものを言う仕事だった。

又、本書には佐久本氏と照屋比呂子氏との麹菌についての対談が掲載されており、色々御苦労なさったなどとても興味深い内容であった。

本土と沖縄と比較して見て気になるのは、本土の酒造りは女人禁制の職場であった。その理由は女性はお化粧するので、その匂いが酒に移るからと筆者は聞いた記憶があるが真偽の程はどうであろうか。

現在の我々が美味しい泡盛が飲めるのも先人の御苦労があったればこその話である。感謝！

黒麹菌について

泡盛は黒麹菌を用いて造られる。黒麹は黒褐色の胞子をつけた菌で、これは高温多湿の沖縄で繁殖しやすい菌である。発酵学の権威として知られる東京大学名誉教授坂口謹一郎博士が雑誌『世界』（岩波書店）に発表した論文「君知るや名酒あわもり」は有名だが、その言葉が刻まれた石碑が沖縄県酒造組合連合会の門前に建っている。酒業界からは〝酒の神様〟と敬われている博士は、こよなく泡盛を愛された方で「沖縄は世界で唯一の黒麹菌の大宝庫で、これを使って造った泡盛は世界の酒造史の上から見ても揺ぎない名酒である」と明言され、なおかつ「黒麹菌という不思議なカビを育て上げ、泡盛という名酒を造りだした沖縄県民の素質と伝統に限りない魅力を感じる」と述べられた。ここでも又、我々沖縄の恵まれた環境と坂口博士の言われる沖縄の先達の努力とそれを守り育てた伝統に感謝しなければならない。

黒麹には多くの変異があるが、現在よく利用されているのは〝アワモリ菌〟と〝サイトウ菌〟が主である。現在では泡盛菌の種麹《たねこうじ》も市販されるようになった。その店の一つが石川種麹店である。筆者も店内見学をお願いしたことがあるが「多くの人間が店内に出入りすると、雑菌が店内にはいって種麹にとって良くない」と言う事で断られた経験がある。

黒麹菌の特徴は他の麹菌よりレモンのような酸《す》っぱさのもとになるクエン酸を多く作り出

すことである。それによって仕込まれたモロミが腐ることが少なく、雑菌の繁殖を押さえるのである。筆者も島内の多くの工場を見学させてもらったが、全ての工場で壁といわず、天井といわずいたる所に、黒く汚れているように見えて驚愕した記憶がある。それは麹から黒い胞子が飛んで人の身体や天井、壁等について黒くなるからであった。因に、日本酒（清酒）はうぐいす色の胞子をつけた黄麹菌が、焼酎は白麹菌が利用されている。

首里三箇

古老の話によると、明治時代首里城の東側は豊かな田んぼが広がる田園地帯であった。一帯は水質に恵まれ三箇（さんか）と呼ばれる豊かな土壌の村であった。即ち赤田、鳥堀、崎山と呼ばれた所である。後々、首里王府から泡盛造りの里に選ばれた理由は、上質で豊かな水量に恵まれ、原料となる米が大量に収穫でき、しかも首里王府から近く、酒造管理が容易だったからであると思われる。その繁盛ぶりを歌った〝三村踊り〟という民謡が今に歌い継がれているので紹介したい。

三村《みむら》踊り

一、赤田《あかた》、鳥堀《とぅんじゅむい》、崎山《さちやま》と三村《みむら》
三村の二才達《にせた》が揃《すり》とうて酒《さき》たり話
麹《こうじ》でぃきらしよ元《むと》かんじゅん

二、小禄《おろく》、豊見城《とぅみぐしく》、垣花《かちぬはな》三村
三村のアン小達《ぐあた》が揃とうて布織い話
綾《あや》まみぐなよ元かんじゅんど

このように歌に詠まれる程に三箇で泡盛造りが盛んであったこと、又、麹づくりが如何に大切だったかが理解できる。

二番目の歌詞は（泡盛造りに直接関係ないが）、儀間真常（一五五七—一六四四）が江戸上りの際に薩摩で見た綿花の種子を琉球に持ち帰った事に由来する。彼はその種子を自宅（彼は垣花に居住していた）の庭先での栽培に成功し、それを小禄間切に広めた。その影響で小禄一帯は機織りが盛んになった（筆者の母も若い頃、盛んに機織りをしたそうである）。このように各村々の自慢話が歌になり流行した。他にも色々あるが、ここでは割愛する。

二〇一二年、神村酒造とバイオジェット社の共同開発した〝芳醇酵母〟で造られた〝守禮原酒五一％〟が発売された。それは泡盛麹菌と泡盛酵母の全ゲノム配列解析に成功し、その新酵母による泡盛であると、宣伝された。私も早速、三本ほど購入した。発売元のうたい文句は「従来の酵母と比べ古酒の香りで重要なコク、深み、香り成分が多く含まれている」と言う事である。時代と共に泡盛文化の発展が又新しい方向に進んでいきそうである。

十、明治から現在の泡盛

一八七九年（明治十二年）、首里王府は琉球処分をうけ、廃藩置県により新しく沖縄県としてスタートした。それと並行して酒造業界も大きく変化した。今まで琉球王府の専売事業であった酒造りが自由化になったのである。これは一般庶民にとって大変な世がわりであった。誰でも一定の免許料を納め届け出れば酒造りが許可されるのである。その波にのって酒屋は忽ち増え、一八九三年（明治二六年）泡盛製造業者は四四七軒、沖縄本島内だけでも一〇七軒になった。もともと地の利があった首里には一〇二軒があった。

当時は本土との税金の差もあり、泡盛業界は順調な伸びを示していた。しかし一九〇八年（明治四一年）の新たなる酒税法施行により情勢は変化する。今まで本土より安かった税金が、この法律により沖縄にも本土同様に適用されたのである。

安い税額で保護されていた沖縄泡盛業界は、その税制の改正により倒産する酒屋も増えて来た。大正元年より軒数は減りはじめ、一九一五年（大正四年）には一一七軒まで減ってしまった。このような危機を乗り越えるため、沖縄泡盛業界も色々と手を打つ。それが現在の酒造組合に

名護市にある津嘉山酒造は昭和２年から４年にかけて建設された赤瓦葺き屋根の木造建築。

つながる〝琉球泡盛酒造組合〟である。組合は税額や原料米の価格等の負担軽減等を政府に請願した。しかし要求はなかなか受け入れられず、業界は益々苦しい営業を強いられた。その証拠に、一九二二年（大正一一年）には酒造所が一〇〇軒を割って九六軒まで減り、一九三一年（昭和六年）には、なんと八二軒までに減ってしまったのである。

しかし、このような苦境にもめげず、打開策を求めて組織されたのが〝沖縄県酒造組合連合会〟である。組合は泡盛品質向上、価格の安定化をはかり、業界統制へと努力した。又、連合会で大型貯蔵タンクを設けて、各酒造所の余まった泡盛を買い上げ貯蔵し、市場で足りない時にタンクから出荷するという具合に統制と価格の安定化をはかった。

こうした改革は次第に効果を生み、泡盛の県外出荷の伸びに好影響をあたえ、以降急速な発展をみせた。又、多方面にわたる宣伝活動、ポスター作成、泡盛の歌のキャンペーンと、ありとあらゆる手が打たれた。その活動の一つである歌の一番二番をあげてみる。

酒は泡盛　　作詞　宮良高夫
　　　　　　作曲　宮良長包

一、赤い梯梧の花のように
燃えて咲け〱酒の花
ソレソレ　酒は泡盛　精力《ちから》の泉
飲もうよ　朗らか踊らうよ

二、日本は神国お酒の国よ
お神酒あがらぬ神はない
ソレソレ　酒は泡盛　精力の泉
飲もうよ　朗らか踊らうよ

我々泡盛党にとっては素晴らしい歌であるが、楽譜がなくてメロディーが聞こえて来ないのがチョット寂しい。

このような活動も束の間、一九三七年（昭和十二年）の日中戦争、さらに一九四一年（昭和一六年）の太平洋戦争へと突入すると今までの活動は全て自粛せざるをえなかった。それこそ〝ぜいたくは敵〟である。一切の経済活動が軍事一色に染まってしまった。しかし、このような戦時体制下で、我々沖縄県民にとって、嬉しくも誇らしい事績がある。

一九四三年（昭和一八年）の末、陸軍省からの要請でビルマ（現ミャンマー）の現地駐留軍に供給する泡盛を製造した事である。それまで清酒やビールが試作されたがうまくゆかず、気候的に適していると言う事で泡盛に白羽の矢が立ったのである。沖縄から五人の職人が現地に派遣され、艱難辛苦のすえ泡盛製造に成功する。この事は海外で始めて泡盛が製造された例として大変意義ある事で、沖縄県民にとって最も誇りとするところである。

戦後の泡盛

一九四五年（昭和二〇年）、沖縄は全てのものが破壊され焼きつくされて敗戦、終戦となった。沖縄は米軍の占領下におかれ、米軍統治がその後長く続く。その後の混乱、困窮した生活ぶりはお互いがよく知るところである。このような惨憺たる生活情況の中でも酒は欠かす事ができないものであった。しかし、破壊されつくされた沖縄に工場や酒造りの道具など何も残ってない。ましてや泡盛など残っているはずがない。それでも何とかして泡盛を手に入れようとする。県民は泡盛のためあらゆる努力をした。そこで、燃料アルコールや工業用アルコールに手を出し、それを水で割って飲んだそうである。勿論、そのようなアルコールが体に良い筈がない。なかには健康を害したり、失明したり、はては命までおとした人達がいた、という話をよく耳にしたものである。それでも酒に対する欲望を断つことができない。そこで密造酒を自家製造する人がでてくる。密造酒を造る人はどんどん増える一方であった。

筆者の小学生の頃、父親がほんの一時期密造酒を造っていた記憶がある。それで儲かったどうかは私は知らない。間もなく止めた様子なので、あまり良い儲けはなかったのかも知れない。それでも時々、巡査が見巡りに来る。すると父は急いで釜や蒸留装置一式を近くに積んであった草藁で被いかくした。モロミの匂い等でばれる事は子供の目にも明らかである。それでも戦後の困窮した生活をよくよく知る者同士、お巡りさんも見て見ぬ振りして立ち去っていった。これも幼い子供の泡盛史の一ページかも知れない。

密造酒は各地で造られた。かと言って原料となる良質の米が豊富にあった訳ではない。先程も書いた様に米も食料用として事欠く程である。そこで発酵するものは何でも利用した。砂糖、果実、メリケン粉、はてはチョコレートまで原料にした。

この様な中、一九四六年（昭和二十一年）四月、米民政府は「酒類を製造し、民間に配給するよう」指令を出し、次の五工場を指定した。

○首里酒造廠（首里崎山）
○群島政府酒造試験場（金武町伊芸）
○真和志酒造廠（那覇市国場）→（現、神村酒造）
○伊芸酒造廠（金武町伊芸）→（現崎山酒造）
○羽地酒造廠（羽地村字仲尾次）→（現、龍泉酒造）

工場は官営なので〝場〟や〝所〟ではなく〝廠〟と呼んだ。原料の米は米軍からの払い下げで充分である。しかし、原料だけで良い泡盛は造れない。肝心要《かなめ》の黒麹がない。当初はイースト菌を使っていたそうだが、それでは良い泡盛はできない。最高の泡盛を造るためにはどうしても黒麹が必要である。その再発見については稲垣真美氏の著書『現代焼酎考』に詳しく述べられている。その記述によると、再発見者は佐久本政良氏（咲元酒造二代目。佐久本政敦氏の兄）で戦後の焼跡から、それこそ廃墟となった土の中に埋もれていた〝ニクブク（むしろ）〟から黒麹菌を発見し、注意深く取り出したそうである。戦後の泡盛復活は佐久本政良氏のお陰と言っても過言ではない。

我々泡盛愛飲家、否、大袈裟な表現で言えば沖縄県民は佐久本政良氏の御名前を決して忘れてはいけない。戦中、米軍は首里に第三十二軍の軍司令部がある事を事前に知っており、艦砲射撃は首里を徹底的にねらい打ちした。それこそ松尾芭蕉の「夏草や兵《つわもの》どもの夢の跡」ではないが、首里には一木一草も見る事ができなかった情況も頭に入れて、前述の黒麹菌の事を考えるべきである。

十一、松山王子尚順男爵

沖縄の泡盛就中《なかんずく》、古酒について語る時、松山王子尚順男爵について語らずに通り過ぎる訳にはいかない。王子は最後の琉球国王尚泰の四男として明治六年（一八七三年）に生まれ、廃藩置県の琉球藩廃止により首里城退出を余儀なくされた。十三歳で士族になり、二九歳六月男爵として華族になられたかで、昭和二〇年（一九四五年）太平洋戦の戦火の中、本島南部の壕で死去された。

松山王子尚順男爵は、博学多才な方で、加えて努力家で研究熱心な方であった。古酒について述べる前に、王子について触れておこう。王子は大正末期から沖縄、本土の植物をはじめ、東南アジア、ハワイ等から珍しい観葉植物や熱帯果実類を集め、首里桃原植物園で研究栽培した。その結果、沖縄は将来熱帯果樹の栽培に適した島で、茘枝《レイシ》、パパイヤ、マンゴー等は沖縄の輸出換金作物になると予見している。今から殆んど百年も前にそれができると言うのは恐るべき予見能力である。

松山王子は書画骨董にも造詣が深く『尚順全文集』には面白い話を数多く載せられている。

筆者は『琉球新報』を何十年にもわたって購読しているが、その新報も王子をはじめ太田朝敷等四人の人達が協力して、明治二六年（一八九三年）に創刊したのがはじまりである。現在、沖縄の地元でもその実績を知らない人が意外に多いが「沖縄銀行」も（今日に到るまで紆余曲折はあったが）最初に設立したのは尚順男爵とその仲間達であった。又、尚順男爵は文筆にも優れ、琉球新報をはじめ、その他の機関紙等にも寄稿文を載せている。その中の面白い文章を一つ紹介したい。

尚順男爵は鷺泉随筆「古酒の話」の冒頭で…「古酒は単に沖縄の銘産で片附けては勿体ない。何処から見ても沖縄の宝物の一つだ」と述べている。私も全く同感である。更に続けて「古酒を作るには最初から此に注ぎ足す用意として、少なくとも二、三番及至四、五番までの酒を作って置きながら、数百年の間、蒸発作用に依る減量酒精分の放散等に対し、常に細心の注意を以て本来の風味を損ぜしめない様に貯えて置く苦心を認識したら、誰しも此れに宝物の名称を冠するに於いて異論は無いのであろう」と書かれている。誠に的を射たアドバイスである。

昔も今も最高級品を手に入れる為には長い時間と忍耐と努力、そして何よりも財政的裏付けが必要である事が理解できる。次に続く一文は現在の我々には面白くも想像しがたい話である。「嘘の様な話だが、当時の古酒自慢の大名家では大切な金庫の鍵をば常に手放しで家来に保管せしめているのにも拘わらず、古酒倉の鍵は大抵主人が自ら所持しておった」という事である。このような資料はとても大事な証拠になる話である。最初に挙げた〝古酒は沖縄の宝物である〟の証明にもなるものである。それに続いて、飲み方にも凄い記述がある。引用は長くなるが、次に掲載する。

古酒の馳走（鷺泉随筆「古酒の話」より）

（前略）古酒を客に供する時は、決して普通の酒の種類の如くには扱わない。先ず一般に鄭重の御馳走と云えば大抵吸物の三つ位は出るが、古酒の出現は最初には決して出さない。先ず宴酣《えんがん》にして三番目の吸物が出ようとする一寸前に、主人が五勺か一合位の小酒器に古酒を入れて自ら酌いで廻るのだ。其の時の容器は支那製の紫泥《しでい》の小急須に杯は俗に鑑花《らんか》小と称する（中略）、此の一杯丈で直ぐおかわりという事は失礼にもなれば、又他の客に対しても遠慮が要るのだ。此時、御客は注がれし古酒をば嘗《な》める様に賞味しながら、眼を細くして讃辞を呈すれば、主人はニッコリとさもあらんと言わぬばかりの微笑を含みつつ、さらば今一杯と御手酌で二回目のを注いで、得意顔に持っていた酒入りの急須を静かに上客の前に置いて引き下がるのである。此時首席に酒好きがなければ急須は其儘坐っているが、上戸がいると時々頃を見計いて、自酌で何時か飲み干して仕舞う。それを大抵の場合、主人は見て見ん振りをしながら紛《まぎ》らして行くが、幸に古酒の貯蔵が豊富で、交際上手な主人だと「内の酒は如何でしたか、宜しければ今夜丈は特別にもう一瓶差上げましょう」と、徐《おもむろ》に身を起こして再び給仕に手燭を点けさせ、右手に例の古酒倉の鍵を提げ、左手には紫泥のチュウカーを持ちながら、二回目を出しに行く。

冊封使の接待、歓待の情景やペリーが摂政宅でパーティーが催された時の様子が目に見えるようである。しかし、王子はそのような古い慣例や慣習が気にくわないのか、次へ続く…

（前略）古酒御馳走の儀礼が馬鹿にケチ臭く、窮屈なのには随分当てられた上に、古酒を飲んだ後の酒と来たら、迚《とて》も不味《まず》くって飲まれるものではない。夫で私は考えた……。此は古酒を人に御馳走するには、相当飲ましても差支えなき量はなければならぬ。少なくとも一時に二、三合は出しても、財源否《いな》酒源を枯渇せしめぬ準備がなければ、今の様では単に古酒自慢と云う丈になって、御馳走にはならぬ。苦し今後自分が古酒を持つなら、時と場合には二、三合は愚か四、五合も一気に出す位は作って置かねばならんと痛感したが、

（後略）。

古酒の作り方

この後、多量の古酒造りについて話は進んで行く。内容を要約すると、まず古酒作りには元になる親酒（アヒャー）を多く持たねばならない。しかしながら、親酒はそう簡単に手にはいるものではない。そこで親酒は金で買う事になる。百年もの一合（又は二合）…円、二百年もの一合（又は二合）…円と買いもとめて親酒を作っておく。しかしその前に、その親酒を貯蔵しておく良い甕を用意しておかなければいけない。続いて親酒をふやす為の仕次ぎが必要である。仕次ぎ用の酒も前もって、二番酒、三番酒を用意する。仕次ぎ用の二番三番もある程度古い酒でないと困ると書かれているが、それが、どれくらいの古さが必要かは説明されていない。出来たての新酒だと親酒が駄目になり、元も子もなくなる。又容器（甕）も酒精分が放散しないよう、なるべく口が小さい方が良い。…

あれから百有余年、容器（甕）もその蓋も進歩発展していて、当時の古酒作りをそのまま百パーセント踏襲する訳にはいかないと思う。製造される泡盛も随分良くなり飲みやすくなっている。口あたりの良い泡盛が古酒造りに良いかどうかは賛否両論あると思うが。

麹菌についても、前に述べた通り変って来ている。色々な時代背景、製造における原料米容器やその蓋、人々の嗜好の変化や、食生活の変化等を加味して、現在の古酒作りにそぐわない点もあるが、これから古酒作りの予定のある読者諸兄の参考になればと思い、長い引用文を挙げた。以上の文章で、少なくとも泡盛に対する愛情や泡盛文化が昔から今日まで脈々と受け継がれている事を理解していただければ充分である。

古酒の香りに就て

尚順男爵は古酒の香りについても、沖縄独特の表現方法で述べられているので次に紹介したい。理解しがたい事柄はフリガナをつけて、その手助けにした。

　元来古酒には色々のよい香りが出るものだが、其標準の香気と言っては先ず三種しかない。第一は白梅香かざ（引用者注：香り）で古くから鹿児島から這入って来た小さい鬢付《びんつけ》油の匂いだ。第二はトーフナビーかざと言って熟れた頬付《ほおづき》の匂いを言うたものだが、第三が少し可笑しいが此はウーヒージャーかざと称し雄山羊の匂いの事。此匂いだけは体臭に近く頗るエロチックだが、此以外に形容するものがないから昔からそういう名称しかない。一寸考えては酒に動物の匂いが付くと言う事は、不思議と言えば不思議だが、而し人間の味覚が体臭に近いものを好むと言う点に於ては別段不思議な事はないのである。

尚順の論説全てが現在の生活や習慣に合うかどうかは少し疑問の余地も残るが、参考にすべき点も多々ある。「古酒の馳走」の場面では封建時代の身分制が感じられるし、「古酒の香り」の〝ウーヒージャーかざ〟という言葉は最近ほとんど聞かない言葉である。ともあれ読者諸兄の参考になれば幸いである。

琉歌

歌の形式には、俳諧連歌の初句が独立した五七五の十七字から成る短い詩の俳句や和歌の一形式五七の句を繰り返し重ね、終りを七七で結ぶ長歌と、それに対して全体を五七五七七で結ぶ短歌がある。沖縄では昔の神歌〝オモロ〟から進化発展して来たと言われている八八八六の三十字で詠まれる琉歌がある。現在、歌われている沖縄民謡や古典と呼ばれる楽曲の歌詞は殆んどが琉歌形式である。しかし本土との長い交易で琉歌にも大きな影響があった。

例を幾つか挙げると、古典の〝本調子仲風節〟や〝今風節〟は五五八六であり、〝仲風節〟は五七八六で、本土の短歌の影響が見てとれる。又、踊りでも有名な〝上い口説〟は七五七五の繰り返しで本土の長歌形式である。本土の影響を強く受けては来たが、それでも琉歌の精神は現在まで脈々と受け継がれている。

筆者は琉歌こそ沖縄最高の文化だと確信している。この小さな島で人口も少なく（明治の廃藩置県まで三十万人を超えた事はなかった）、耕地面積も少なく、おまけに土壌は痩せている。そのような厳しい情況下で、自分達のオリジナルな詩の形式八八八六を作り上げたのである。

このような創造力豊かな先人達を誇にすべきである。松山王子尚順男爵は琉歌に於いてもその多才振りを遺憾なく発揮し、生涯で百首以上も琉歌を残している。その中から、紙面の都合上三首だけ紹介したい。

新年会

誰れもみろく世の肝願《きもにが》よしちゅて
くみかはす酒と年の始め

（新年に際し、誰もが皆、弥勒菩薩の救いによって世の中が平和でありますよう願って酒をくみかわす）

月前懐古

月見れはもとの昔おひ出しゅさ
　あはれくらやみの世界になても
(月を見ていると昔の華やかなりし頃の生活を思い出す。今は落ちぶれて苦しい暗い生活になっても)

　金武良仁二十年祭
飛ぶ鳥もよどむ歌の声や絶へて
　きくものや松の嵐ばかり
(飛ぶ鳥も立ち止まって、その素晴しい歌声に聴き入ったものだが、今はその名人の声も聴こえなくなり松の葉が風にゆれ、嵐のようにうるさいばかりだ)

十二、泡盛の民話と伝説

民話と伝説

沖縄といわず日本全国どこにでもある民話伝説は単なる作り話ではない。それは民衆の熱い願望や、強い信仰心の表出である。『沖縄民話集』の編著者仲井真元楷も「民話伝説は沖縄を知る資料としてすごく大切なものである。単なる民話として読み過ごさないで、日本列島弧の中にある南西諸島弧の人間の持つ文化の財として見てほしい」と述べている。長い歴史の中で民話伝説が生活の一部に取り込まれ、それが年中行事として生活の伝統や習慣として受け継がれているものが我々身の回りに沢山残っている。その例は「二一、酒のはじまり」でも述べた通りであるが、ここでは宮古に残る〝オトーリ〟を挙げよう。筆者がオーケストラ（約六〇名）の仲間と一緒に演奏旅行にいった際の話である。演奏会終了後の打ち上げで例の通りオトーリが始まった。まず最初の一人が一言口上を述べて、全員で杯いっぱいに注がれた泡盛で乾杯する。以下同様に一人ずつ口上を述べて乾杯する。集まった人達全員がまわり終えるまで、延々と続くのである。殆どの人が酔っぱらってダウンする。私も相当にまいった記憶がある。

この習慣〝オトーリ〟が何故始まったのか、その理由を知らない人は悪い習慣だと非難する。しかし筆者が地元の人に直《じ》かに教えてもらった話では、「宮古島は高い山のない平らな島で、川らしい川もない。飲料水にも事欠くほどである。又土壌もやせていて農業の生産性も低い。おまけに台風や旱魃で食料難に苦しんで来た島である。そこで、少ない飲み物、食べ物でも皆で分け合い助けあって、乾きや飢えを耐え忍んで来た長い歴史を持っている。その歴史が〝オトーリ〟として残り、現在の物が豊富な時代に悪い習慣として見られている」とのことであった。

本来は素晴しい文化遺産なのである。読者諸兄には以上の事を理解してもらった上で、沖縄の民話、特に泡盛に関係のある民話をいくつか紹介したい。

泉崎の話

むかし、泉崎村は宗部村《そべ》（楚辺）と言っていた。首里、繁多川から識名、宗部と続く丘陵の連なりである。首里の丘陵と繁多川の丘陵との間に安里川の源があり、一つは泊港に流れ、一つは久茂地川となって那覇の港に注いでいる。この久茂地川の下流に泉崎橋がある。この橋のあたりに安室親方《あむろウェーカタ》という人がいた。この人は大変な金持ちであるし、家業も随分繁盛していた。家業は酒を造る仕事であった。安室親方で造る酒は芳しい匂いに良い味わいの酒であった。そこで毎日毎日酒が造られた。毎日できる酒は丁度泉の水が湧き出るようであったので、人々はこのうまい酒を買い求めたが、幾らでも泉のように造られて品切れする事はなかった。それで安室親方の酒を泉酒と言うようになった。そして、この辺りが泉酒という地名になって、後に泉崎と改められたと言う事である。

雀《すずめ》酒屋

読谷村字儀間に伝わる民話を町田宗進氏の口述で紹介したい。

「雀がね、雀が木に古い腐れかけた枝のある木のまたに巣を作り、巣を見てはいつも止まり、そこで餌を食べ、羽をひと休みさせていた。ある日、雀がフラフラ、ヨレヨレしながら木から降りて来た。不思議な事だなと思い行ってみると、毎日ついばんでいた物、米や他の穀物の食べ残しが集まり、それが又、雨が降ってたまり水に浸かって発酵してモロミになっていたわけよ。そこは何時も餌を食べている所なので、餌をついばもうとしたら、いつの間にか酔ってしまい木から落ちてしまったらしい。珍しいこともあるものだ、あの雀が落ちるなんて、と人間は感づいた。いつも飛び回っている鳥が落ちてくることに疑問を抱き、そこへ行って調べてみると、なんとその木の上では、すでにモロミになっていたそうだ。モロミがもう酒と同じになっているものだなあと、酒はこのようにして作るものかと、モロミを最初に作ってから、炊いて蒸留水になり酒ができた。そんな話だよ。人々は初め〝ムルン〟というものを知らなかったので、雀からその作り方を教わったということです。」

このような民話は他の地域でも聞かれるもので、沖縄本島以外の宮古、八重山でも沢山ある。人間はこの大自然の恵みを受けて多種多様な文化を作り上げて来た。我々はこの恵に感謝の気持ちを忘れてはいけない

「この大宇宙（大自然）に必要でないものは何もない。」

スツウプナカ

これは現在でも毎年行われている。宮古多良間島に残る「豊年と祈願の祭り」の話である。ウィグスクカンドヌは島の農業の指導者であった。働き者でもあり、広い面積の粟畑を持っていた。ある年、粟の刈り入れに出てみると、昨日まで穂を垂れて実っていた粟が一夜のうちに何者かに盗まれてしまっていた。その年ばかりでなく、このような事が二、三年も続いたの

でカンドヌは、もう我慢できないと畑に寝とまりして犯人が現われるのを待ちかまえて居た。と、刈り入れ時期の夜半、犯人らしきものが畑に入りこんで来た。ところが近寄ってよく見ると人間ではない。四つ足の黒い動物が数頭、粟穂を食い荒らそうとしている所であった。カンドヌは怒って用意してあった棒を振りまわしながらその動物の群の中に飛びこんで行った。しかし動物たちはいち早く彼に気づいて逃げ出した。カンドヌが追いかけると北の海に出てナガグーという珊瑚礁の上を沖の方へ走り、白波の砕けている所で足を止めた。「おれたちは竜宮の神の使いだ。おまえは作物を造るのは上手だが、その作物を見守って育ててくれている神への感謝を知らない。順調な収穫を望むなら、毎年収穫後に初の物を供えて竜宮の神に感謝するがよい」と言い終わると動物たちは海にとび込み消えてしまった。カンドヌは翌日シケヌタマダラという人にこの事を話し、早速祭りの準備をはじめた。こうして毎年祭りが行われるようになった。

スツウプナカは現在でも行われている多良間の大きな神事である。民話と伝説そして現在の日常生活へと延々と切れ目なく続く文化の形態である。このような神事、祭祀には初穂は勿論のこと、御神酒《おみき》としての泡盛も欠く事のできない供物である。

十三、泡盛奇行

泡盛が元で起こった失敗談とでも言える様な出来事を二つ紹介したい。私にも幾つかあったが、読者諸兄も身におぼえのある方もおられるだろう。

某社長の饗宴《きょうえん》

大阪、東京、仙台の三ヶ所で店舗を経営する某社長が、今年（二〇一一年）も又、来島した。一緒に飲むのも一年振りなので、今回は私のヴァイオリン教室で十五年ものの古酒で歓待する事にした。社長も中々いける口で、飲む分には二人とも〝うま〟が合う。音楽談議もうまくかみ合って泡盛の盃も進む。泡盛は四十三度の高い度数の酒である。年数が十五年ものなので、ビールの例えではないが喉越しは良くスイスイと幾らでも喉を通る感じである。

当の某社長、最初の頃は〝旨い旨い〟とぐいぐいやって居たが暫くすると目が少し空《うつろ》になり始めた。時計を見た御本人はホテルへの御帰還だと思って立ち上がろうとした。しかし頭はまだしっかりしている様だが足が言う事をきかない。社長も困った様子なので、私は無線でタクシーを頼んだ。社長御帰還の後、私も社長を心配していたが、翌日、早朝の飛行機で大阪へ発つとの電話があった。私も安堵した。

以前、新聞報道で知っていた事だが、泡盛は年日が経って熟成すればする程、頭痛のもとになるアセトアルデヒドの含有物が減るそうである。よって長年熟成された古酒は飲んだ翌日、二日酔いによる頭痛もなく目覚めが良いそうである。酒を飲むなら〝古酒〟に限る。しかし程々に。

囲碁仲間との興宴《きょうえん》

中国の長い歴史の中で昔から言われている〝琴棋書画《きんきしょが》〟という言葉がある。士《さむらい》君子の嗜《たしなみ》、教養とされた手を使ってする四つの芸術の事である。即ち琴は音楽、棋は囲碁、書は書道、画は美術の事である。それらの四科は現在の教育制度の教科としても取り入れられ音楽、書道、美術として小学校中学校の義務教育の科目となっている。これまで〝棋〟の囲碁が抜けていたが最近、私立の学校では囲碁も科目として又は部活動として取り入れる学校が増えつつある。そのような歴史背景を良い事にして、私も十年来〝ヘボ碁〟を楽しんで居る。

そこで親しい囲碁仲間四、五名で私のヴァイオリン教室の休みの日を利用して教室での碁会を催した事がある。仲間全員が所謂、飲兵衛である。碁の手数より猪口の手数が多い事は勿論である。夕方の五時頃から始まって夜中の十二時頃まで打って散会となった。しかし、問題はその夜中に起こった。碁会の帰りフラフラした足どりで自宅のブロック塀にぶつかったそうである。先に紹介した某社長と情況がよく似ている。熟成された古酒は飲み易く旨いが、アルコールの酔いがコントロールしにくい所が難点である。

「酒は飲んでも飲まれるな」。

十四、トゥシビー演奏会

二〇一三年十月、筆者は久し振りに今までにない形式の演奏会を仲間三名で開催した。題して〝トゥシビー演奏会〟である。

沖縄では自分の生まれた干支《えと》の年を生まれ年《ドゥシ》として祝う習慣がある。この生年の祝いを〝トゥシビー〟又は〝トゥシビーユーエー〟という。もともと生れ年は厄年《やくどし》であると古くからの言い伝えがあって、厄を払う為の行事で無病息災を先祖や火の神に御願《うぐわん》する。御願の時供物をそなえ、親類縁者、知人友人で一緒になって御願したのが時代を経るに従って〝祝い〟の形として残ったと言われている。沖縄の〝トゥシビーユーエー〟を列挙すると次のようになる。

沖縄のトゥシビー（数え年で祝う）

○十三歳　十三祝《ユーエー》。戦前、女性はこの祝いが家庭での最後の祝いになる可能性が高かったから、特に盛大に祝った。

○二十五歳　ほとんどお祝いはしない。

○三十七歳　ほとんどお祝いはしない。

○四十九歳　ほとんどお祝いはしない。

○六十一歳　最近ではあまりお祝いしない。

○七十三歳　七十三の祝い。この年齢から本格的祝いになる。

○八十五歳　八十五の祝い。大きな祝いである。八十五トゥシビーの歌を上げておく。

　白髪御年寄や　床の前に飾て
　産子歌しみて孫舞らち（又は舞方）

○八十八歳　トーカチの祝い。枡に穀類（米）を入れ盛り上げ、枡のふちの高さにかき落とす斗掻棒《とかきぼう》から来た言葉。沖縄に伝来したのは百年少し前のこと。

○九十七歳　カジマヤーの祝い。
この年になると童心にかえって風車をまわして遊ぶことからそのように呼ばれる。今日では最高の長寿祝として、市町村の自治会を挙げての祝いを行う。

本土の賀寿

一方、本土では長寿を祝う賀寿として現在に到っている。祝いの名称と由来を列挙すると、

還暦　本卦還《ほんけがえ》りとも言う。自分の干支にもどることから。
古希　七十歳の祝い。「人生七十、古来稀なり」と唐の詩人杜甫の詩から来た呼称。沖縄
　　　では七十三歳の〝トゥシビー〟と勘違いしている人が意外に多い。
喜寿　七十七歳の祝い。喜の草書体は〝㐂〟と書くことからの呼称。
傘寿　八十歳の祝い。傘の略字〝仐〟が八十と読めることからの呼称。
米寿　八十八歳の祝い。八、十、八を縮めて書くと〝米〟の字になることから。
卒寿　九十歳の祝い。卒の俗字が〝卆〟であることから。
白寿　九十九歳の祝い。百の文字から上の一画を引くと〝白〟になることから。

説明が長くなったが、以上が沖縄のトゥシビーユーエーと、本土の長寿祝いである。筆者が住んでいる自治会では七十三歳の〝トゥシビー〟になると、自治会からお祝いとして金一封が贈られる。〝トゥシビー〟の方々は皆大喜びである。無論私も有り難く頂戴した。

そこで、その返礼として同期生の三線の師匠として活躍して居る友人とピアニストの三名で演奏会を開くことにした。最初に述べた〝トゥシビー演奏会〟である。二〇一三年十月二十七日午後六時開演、会場は近くの居酒屋で食事附き、十年古酒の泡盛附きである。

曲名　ヴァイオリン　ポピュラーな小品五曲程（ピアノ伴奏附）
三線　　　　　　　沖縄民謡五曲程（一人のお弟子さん賛助出演）

73歳の「トゥシビー演奏会」に筆者のヴァイオリンとピアノと三線の演奏を行った。

私も三線の彼もピアニストも生まれて初めての珍しい形式の演奏会であった。演奏会での飲み食いは今まで経験した事がなかった。お客さんも始めての体験だったと思う。来場したお客さんは地域の知り合いで、みなさん全員が大変喜んでくれた。私もこれで地域（自治会）の皆さんに恩返しができたと感謝の気持ちでいっぱいである。そして、これが新しい文化の種になればと希望している。

十五、沖縄の焼物

焼物の始まり

泡盛を貯蔵し、旨い古酒として熟成させる為には、泡盛貯蔵用の良い甕《かめ》が必要である。では、そのような甕は何時、何処からはいって来たのか、長い歴史の流れの中でどのようにして今日ある形まで出来上って来たのだろうか。順を追って少しずつ見て行きたい。

人類が最初に作った焼物は土器と呼ばれている。土器は土を柔らかくして練り上げ、形を作り、露天で野焼きしたものである。二〇一三年、県立博物館、美術館の調査チームが南城市玉城前川の「サキタリ洞」遺跡から約八、〇〇〇年前に作られたと考えられる土器を発掘した。当時、沖縄中のマスコミで報道され話題になった。焼物の歴史の古さも分かって来た。

沖縄の焼物

沖縄で窯を使い焼物を作るようになったのは、十三世紀から十四世紀頃だと考えられている。

沖縄の焼物は、当初東南アジアとの交易が盛んに行われていた時代に沖縄に伝わり、ついで朝鮮陶工の来島により更にその技術が高められた。その後中国からの技術導入もあって、その伝統が築き上げられていった。焼物は泡盛を貯蔵する甕だけに止まらず、人間の日常生活全般の文化形態とその維持発展に大きな関わりを持っている。人間が生活する為に最も大切な〝水〟を貯える水甕、日常生活必需品である味噌醤油を貯蔵する壷や甕等、我々の生活には、なくてはならぬ物であった。又、食器、湯呑皿、酒器等々、焼物なしでは考えられない。

焼き物の登り窯（読谷村）

琉球と呼ばれた時代、最初に窯が築かれたのは読谷村の喜納焼だと伝えられている。古窯跡で文献に残っているのは、知花焼、宝口焼、湧田焼である。

瓦奉行

現在沖縄の赤い屋根瓦と言えばポピュラーな焼物である。しかし、それが一般庶民の家屋の屋根に上がるのは明治以降のことである。先程上げた三つの窯も当初作られたのは、甕や生活雑器などではなく、建築資材としての瓦であった。十一章の民話にも出て来た泉崎は十七世紀になって湧田窯として有名であるが、そこでは瓦を専門的に焼いていた。

一六六〇年、首里城正殿が火災で焼失し、首里王府は十年後に正殿を再建している。その後、公共建築には瓦葺が採用され、各地で瓦の生産が盛んに続けられた。そこで当時の焼物を所管する為に〝瓦奉行〟が置かれたのである。勿論、泉崎の湧田窯が中心であった。その後、〝瓦奉行〟は廃藩置県まで長きにわたって焼物関係の業務を統括することになる。

一六八二年、知花窯、宝口窯、湧田窯の三つの窯が移転統合されて壷屋窯ができた。瓦や王府の御用泡盛甕が主な焼物で、壷屋は琉球王朝時代の中心として生産活動が行われるようになった。それは王府の管理下で運営された官立窯の始まりでもあった。甕については泡盛貯蔵用の甕だけでなく、モロミを作る為の甕所謂〝ムルンガーミ〟も重要な焼物であった。しかし、時代がくだると、佐賀県や長崎県あたりで作られた肥前大甕が大量に輸入されるようになる。

一六一六年、薩摩に連行されていた佐敷王子（後の尚豊王）が一六、一官、三官の朝鮮人陶工を伴って帰国した。彼等は当時の琉球陶工達を指導し、琉球焼物界に多大なる影響を及ぼした。特に一六は名前を仲地麗伸《れいしん》と改め琉球に定住した。彼の影響も大きく、その後琉球では焼物の事を〝高麗焼〟とまで呼ばれるようになった。
一六〇九年の薩摩侵攻後は伊万里焼、唐津焼等の九州諸窯の製品が大量に輸入されるようになった。その間も中国との交易は続いているので琉球の焼物技術が格段に進歩した。そのような状況下で琉球独自の島人《シマンチュ》の生活に根差した焼物が作られるようになる。それこそ、それは取りも直さず、琉球の焼物文化の開花そのものであった。それはその後の焼物文化の研究に地元をはじめ、本土の研究家にも大きな影響を与える事になる。昭和初期には、浜田庄司、柳宗悦、河井寛次郎等の民芸研究家達による大きな文化運動へと発展していくのである。

名工たち

少し先を急ぎたようだ。長い焼物の歴史の中で我々が忘れてはならない大勢の陶工達が活躍していた。前にも少し記述したが、ここで新たに（それこそ我々が忘れてはならない）琉球焼物文化に大きく貢献した何名かの陶工を挙げておきたい。

仲地麗伸（唐名　張献功、朝鮮陶工一六）
嘉手納馮武（関忠勇）
花城親雲上《ペーチン》

平田典通（宿藍田中国に渡り、赤絵の技術を学び持ち帰った）
仲村渠致元（用啓基）
仲宗根喜元（珠永輝）
渡嘉敷三良

等々、多くの陶工の名前が残っている。その中で平田典通は中国福州に渡り、多くの技術を学び持ち帰った事は良く知られている。それまで琉球の焼物は荒焼が主流だったが、十七世紀以降、湧田窯で施釉陶器が作らえるようになった。それは恐らく平田典通の技術指導の御蔭であろうと言われている。その技術は代々受け継がれ、壺屋の上焼へと発展する。

荒焼《あらやち》と上焼《じょうやち》

東南アジア、大和、朝鮮、中国と多くの国々とかかわりを深め、その焼物技術を導入研究し、琉球の焼物は大きな発展をとげて来た。壺屋には荒焼と上焼があり、盛んに制作が行われた。荒焼は主に本島南部の粘土を使って作られる無釉薬の陶器で、上焼は本島北部の粘土を使って釉薬を掛けて焼成される製品である。

荒焼は酒甕や鉢等が主流で、首里王府の泡盛生産や貯蔵用として制作された。それらは一九〇〇年年半ばまで泡盛と共に長きに渡って作られた。

荒焼は一、一〇〇度か一、二〇〇度で焼成される。そうは言っても我々が風邪を引いた時の体温を測るのとはチョット違う。三〇〇度といっても二〇度三〇度の温度差は、ある程度の巾をもって理解する必要があるようだ。

窯と燃料

壷屋統合時代の昔は殆んどが登り窯で薪を燃料として焼成されていたが、現在では色々な方法で、しかも薪以外の燃料でも焼かれている。勿論、現在でも薪による登り窯も健在である。十年程前に、沖縄の松が松喰い虫の被害に会った事があり、山々のあちらこちらで茶色になった松をよく見かけた。その枯れた松木を登り窯の燃料にしたとの報道もよく聞かれた。丁度その折、読谷にある登り窯で、二人の若い陶工が焼成中のところを見学させてもらった事がある。彼等は交替

一升甕（左）と二斗甕（右）

で三日三晩寝ずの番で焚口を見張り、薪をくべるそうである。大変な動力と忍耐である。どのような燃料を使用するにせよ、窯内は熱が逃げないよう、又、一〇〇〇度以上の高温に耐えられるよう、断熱耐火煉瓦で窯壁を固めなければいけない。これは如何なる窯でも皆同じある。その後に燃料の違いがある。

燃料を大別すると(1)電気、(2)薪。(3)液体燃料の三つである。そのうち(3)の液体燃料では①灯油（白灯油、茶灯油）と②ＬＰＧ（炭化水素ガス：プロパンガス、ブタンガス）が使用されている。

泡盛用の甕

泡盛用の一斗甕や五升甕は登り窯かガス窯で造られることが多いようである。筆者も五升、一升の甕を随分と購入した。まず最初に手に入れたのはコザ焼の一斗甕であった。コザ焼の社長はとても感じの良い方だった。長い付き合いで次第に懇意になった。そこで色々注文をつけた。最初は、荒焼甕を買ったので、次に甕の外側だけ薄い釉薬を塗ってもらった。又次は、内側、外側の両面に薄い釉薬を塗って焼成してもらった。社長は私の注文をこころよく聞いてくれた。私はとても感謝している。

私の酒蔵（ヴァイオリン教室）には釉薬の塗り方が違う甕が多数ある。色々な甕で、泡盛に十年、二十年でどの様な違いがでて来るのか試したい。結果が出るのはまだ遠い先のことである。（それまで、私がこの世に居るかどうか分からないが）。

次に陶眞窯（読谷村）も相当数ある。これはマンガン釉を塗られた黒色の甕である。マンガン釉は〝長太郎〟と称する薩摩に由来するようだ。最近は糸満焼（糸満市）を買っている。その他最近窯の移動という事で途絶えてしまったヴェトナム製の甕を〝コルパック〟という会社から購入した事もある。甕は肉厚でしっかり作られている。私のお気に入りである。

私の近所の忠孝酒造でも焼締め良い甕を泡盛入りで販売している。少し割高なのが難である。特別な記念の時などに購入し、大切に二、三の甕を保管してある。戦前の古い甕もリサイクルショップや友人から買い求めたものもある。

又、毎日二月下旬に開催されている〝読谷山焼陶器市〟には欠かさず行っている。その時の買物は、一に泡盛甕、二にカラカラ、三にチブ（猪口）の三点である。自分の懐具合と相談の上での事である。ごくたまに嘉瓶《ゆしびん》、抱瓶《だちびん》、鬼の腕《オニヌティ》等々を買い求める。

泡盛蒐集を始めて二十有余年、我が家も泡盛貯蔵場所が次第になくなり困りつつある今日この頃である。余談になるが、飲み仲間との雑談で〝甕は上り窯で焼成した甕が泡盛には良い〟とか〝常時、甕を揺り動かした方が良い〟とか色々迷学説《めいがくせつ》が飛び出てくる。私はそのような〝学説〟には耳をかさず〝自分流〟を決めこんでいる。

南蛮

南蛮という言葉についても一筆ふれておく必要がある。沖縄でよく言われる〝ナンバンガーミ〟は一般的に誤解されている場合が多いようである。

炻器《せっき》にはジャーガル土を使って一一〇〇度で焼成する、所謂、産地壷屋の荒焼がある。陶器用赤土を施釉しないで一二〇〇度で焼締する炻器、これを南蛮として荒焼と区別される。したがって沖縄の炻器には、低温焼成素地の荒焼と中温焼成素地の南蛮があることになる。

炻器とは明治四〇年頃の造語で「炻」は国字（日本製の漢字）である。素地がよく焼き締まり、殆んど吸水性のない焼物。焼成の火度が磁器より弱く、多くは有色で不透明。気孔性のない点で陶器と区別する。備前焼、常滑焼などが代表的である。

一方、明治以降、多くの大和（本土）商人が来沖し、沖縄で商売を始めている。その中で奈良出身の黒田理平庵（一八七〇―一九五七）なる商人が那覇で琉球荘という美術品や工芸品を扱う商店を経営し、琉球の荒焼を〝南蛮〟として本土で売り出したのがその始めと言われている。ようするに、本土の焼物に詳しくない一般消費者を騙した事になる。我々も焼物にあまり通じていない素人が〝南蛮〟〝ナンバンガーミ〟と言われて売り手に騙されないように、素養を身につけてもらいたい。

95ページに沖縄陶業界に名を残した人々として八名の名工を挙げた。しかし、その他にも大勢の名工達が今も日々頑張っている事を我々は忘れてはいけない。そういう陶工達の声を一つ一つ取り上げる訳には紙幅が足りないが、現在の名工、人間国宝の金城次郎の名前を忘れる訳にはいかない。沖縄が世界に誇れる名工であることは万民承知の作家である。

壷と甕

この章の最後に、私の疑問を一つ提起して読者諸兄の御教授を仰ぎたいと思います。それは壷と甕についてである。その定義は甚だ紛らわしく、難解に思えるからです。参考の為いくつかの国語辞典の説明解説文を上げておこう。

○『広辞苑』（岩波書店）

甕　イ、液体を入れる底の深い壷型の陶器。ロ、酒を盃につぐ器。ハ、花いけにする容器。花瓶。

壷　イ、自然にくぼんで深くなった所。ロ、口が細くつぼまり胴のまるくふくらんだ形の容器。

・『国語総合辞典』（旺文社）

甕　水や酒等を入れる陶器。つぼ形の花いけ。

壷　口が小さく胴がふくらんでいる入れ物。本膳に用いる小さくて深い器。

・『国語学習辞典』（光村教育図書）

甕　水や酒など液体や、漬物等を入れる口が広く底の深いせと物の容器。枝や花を生ける容器。

壷　あめの入っているつぼ。口が小さく、胴の部分がふくらんでいる入れ物。

等々とある。筆者自身、この二つの言葉の確固たる定義に到ってない。習慣上、泡盛用の入れ物としては〝甕〟の文字を使用している。博学諸兄の御一報あれば幸いに思います。

十六、泡盛の原料

米以外の原料

泡盛の原料には米以外にも幾つかある。今日まで使用された原料は粟、芋、砂糖きび等である。琉球王朝時代には、米が不作の年には泡盛の原料として粟と米を半々にして支給したという記録もある。「八、名前の由来」では粟が泡盛の原料であったのが泡盛の名前の由来との説明もした。九州地方ではソバを原料としたソバ焼酎や芋を原料とした芋焼酎もある。泡盛ではソバの泡盛は今まで聞かないが、芋は古く使用されている事は分かっている。後程少し触れるが、現在でも芋の泡盛は造られている。鹿児島県奄美地方では現在でも黒糖焼酎が盛んに造られている。黒糖も後に少し触れる事にする。終戦直後、原料不足で、メリケン粉や、米軍からの横流れ品のチョコレート等で泡盛を造った話は、「十、明治から現在の泡盛」でも触れたが、それは泡盛原料としては埒外だろう。

ヘリオス酒造

沖縄で唯一、色々な原料を使ってアルコール飲料の研究開発を行っているメーカーとして〝ヘリオス酒造〟を、ここで取り上げる必要があるだろう。

一九六一年（昭和三六年）砂糖黍を原料としてラム酒の製造を行う〝太陽醸造〟として設立された。一九七九年（昭和四四年）焼酎乙類の製造免許が交付され、泡盛の製造を開始して現在に到っている。ラム酒はもともと西インド諸島の特産で、ジャマイカ産が最も有名である。当時、沖縄では馴染の薄い酒であったが、よくここまで、頑張って来たものだと思う。敬服のかぎりである。ヘリオス酒造の特徴は泡盛だけにとどまらず、スピリッツ、リキュール、ウィスキー等四つの酒造免許を持っている事だろう。主だった銘柄の幾つかを挙げてみる。

名護市にあるヘリオス酒造（株）

・泡盛新種　轟（三〇％）
・泡盛古酒　くら（四三％）
・紅いも焼酎　紅一粋《べにいっすい》（二五％）

・福島新米泡盛（二五％）
・黒糖酒　ラム酒（三五％）
・黒糖酒　原酒（五〇％）
・ビール

泡盛は樫樽と甕の両方法で貯蔵されている。中でも福島産新米泡盛は、五年前の東日本大震災の復興支援にその売り上げの一部があてられている。読者諸兄にも、泡盛を味わいながら〝復興支援〟に是非御協力をお願いしたい。

タイ米の輸入

泡盛の原料となる粟や米は明治、大正時代には沖縄産が主流であった。大正末になって初めてタイ米が使用されたと記録には残っているそうである。昭和以降タイ米が安定したのは、麹やモロミの工程で温度の管理がしやすく、又、麹として扱うにもサラサラして作業がしやすく、アルコールの収量も多かったからである。現在では殆んどの酒造所が原料としてタイ産の砕米かインディカ米を使用している。

その入手方法は、まず各酒造所は自社の必要量を那覇市港町の酒造協同組合に申し込む。因《ちなみ》

タイ米を一手に扱っている沖縄食糧（株）

に平成二十六年度の沖縄全酒造所の総合計は一四、三八〇トンの輸入であった。協同組合は一括して浦添市勢理客の沖縄食糧株式会社に申し込むのである。それを農林省が輸入して沖縄食糧が一時保管する。その後必要に応じて各酒造所が受け取る仕組になっている。沖縄食糧がこれらの業務を一手に引き受けているのは沖縄で最も規模が大きく一番の老舗だからである。しかし、米の流通関係に携わっている会社は他にもある。琉球食糧、第一食糧等、合わせて六社もある。我々常日頃の食生活ではこちらの会社に御世話になっているのである。沖縄食糧さんには、泡盛が有る限り総代理店として今後とも頑張ってもらわねばなるまい。

歴史の教訓

いきなり話題は変わるが、鰻《うなぎ》の話である。長い期間、日本は台湾から鰻の稚魚、シラスを輸入に頼っていた。ところが突然そのシラスの輸入がストップしてしまった。一九七〇年代の事である。日本国内の養鰻業社は大騒動であった。養鰻業界最大手の静岡県下の養鰻場は大打撃を受け、設備、経営規模を縮小せざるを得なかった。それまで台湾は発展途上にあったが、次第に経済発展して来た経緯があった。その経済成長の力を借りて、今まで輸出だけのシラスを自国鰻業経営まで手を延ばして来たのである。それも暫くの期間で、さらに鰻を蒲焼にして日本に向け出荷したと聞いている。ヘタをすると日本の赤提燈（居酒屋）の全てのメニューが台湾物に頼る日が来るかも知れない。〝諸行無常《しょぎょうむじょう》〟、万物は常に移り変わってゆくものである。

タイにも沖縄の泡盛によく似た〝ラオ・カオ〟と言う酒があることは前にも触れたが、台湾同様タイも経済発展して来てラオ・カオを大量生産（酒造）して何時の日か日本に向けて出荷するやも知れない。何時まで安いタイ米に泡盛が依存できるか、それはそう長くは続かないだろう。それよりも、もっと早い時期にタイ産の安いラオ・カオによって沖縄の泡盛が席巻される日が到来するだろうと、私は考えている。東南アジアには、一九六七年に結成された〝ASEAN〟（東南アジア諸国連合）があり、今後益々東南アジアの経済発展が約束されている。沖縄の銘酒泡盛の行く末を心配するのはそれだけではない。今後二、三年もすると〝TPP（環太平洋パートナーシップ協定）〟が各国で批准され、条約が発効する。時をまたず外国から安いウィスキー・ビール・ブランデー等が大量に沖縄にやってくる事が考えられる。これ等の条件、状況を考えた今後十年二十年以降の泡盛文化を維持し発展させて行く為には、今すぐに、その対策を講じていく必要がある。食用は勿論のこと、泡盛用の原料米自家生産の研究をしていかねばならない。特に泡盛用はインディカ米が安くて多収量の生産が望める。

後ほど少し触れる北部辺野古への基地移設問題で、翁長知事は〝オール沖縄〟で移設反対をしていく事を県民にアピールしている。筆者も大賛成である。と同様に、泡盛の原料米自給自足でも〝オール沖縄〟で取り組む時期だと私は思っている。これは単に酒造業界だけの問題ではないのだ。〝オール沖縄文化〟の問題である。五〇〇年以上の長い伝統を誇る泡盛文化を末長く維持発展させてゆく為の今、現在、泡盛文化は〝瀬戸際〟に立たされていると言っても過言ではない。県内だけで泡盛を研究して旨い泡盛を造る事は勿論、最も大切な事である。が、しかし、その原料は多国任せである。もっと広い視野をもって世界を見渡す事も重要である。孫子の兵法いわく。〝彼を知り、己を知れば百戦殆《あやう》からず〟である。

米の直播《ちょくはん》栽培（直播《じかま》き）

山形県、秋田県、岩手県等の北陸地方では稲の直播栽培に成功し、四、五年前から盛んに行われている。経費も安く、水田、乾田両方で可能という事で栽培農家も増えつつある。反収が少し減るのが難点だと言う。しかし、今後の研究次第では、反収増加もみこめるし、色々な品種に応用できるのではないか、もし、そうなれば、沖縄の暖かい気候では稲の生長も早くなり、インディカ米が早く、生産コストも安くなり、泡盛文化の救世主になる可能性も十分考えられる。又、〝TPP〟問題も簡単にクリアできるものと思われる。〝一石二鳥〟とは正にこの事である。期待は増すばかりである。北陸地方では早い所では十年も前から取り組んでいる農家もある。と当時の農協職員からうかがった。筆者は、早速、沖縄でも、と思い地元の若い農協職員に話したが、その後、何の進展も見えないし、話もない。誠に残念である。

　最後にもう一度書き残したい。直播栽培が沖縄に導入され、成功すれば、今後の沖縄農業や他の産業、就中、泡盛文化の発展に大きく寄与するものと思われる。

十七、古酒について

古酒の定義

古酒の定義について現在ではほぼ確定している。三年間、熟成したものが古酒と呼ばれる。しかも全容量一〇〇％が三年熟成でなければいけない。もし五年古酒であれば一〇〇％五年熟成と言う事である。

以前の定義では五年古酒とは五年古酒が五一％以上であればよかった。しかし、それではあまりに曖昧で消費者からクレームがついた。同じ五年古酒でもメーカーによって大きな差が生じた事が原因である。それもそのはず、残り四九％が新酒の場合もあるし、二年古酒か四年古酒の場合もありうる訳で、それは当然その旨みに表われるからである

現在では十年古酒と表示があれば一〇〇％全容量が十年熟成されたものである。それは消費者にとってもメーカー側にも解り易すく又、公正である。その反面、価格の面で割高にならざるを得ない。

古酒の作り方

古酒の作り方という言葉は、少々、矛盾を含んだ言葉である。瓶にしろ、甕にしろ蓋がしっかり閉まり、泡盛が漏れなければ、その儘に置いておけば古酒になるからで、アレやコレやと人の手を借りるまでもない事である。そこで、私個人の体験を紹介したい。

床の間に並ぶ古酒の甕

私も父も大の呑ンベーであった。私が二十代の頃に古酒の話をしたら、コッぴどく怒られた。ようするに瓶に入れた泡盛は古酒にならないと言う教えである。しかし、それは間違いであった。私が五十歳の時に住宅を新築した際、友人、知人、親戚から新築祝いとして五升甕や一升瓶の泡盛を沢山戴いた。その後三年間、御祝いの品は押し入れの中にあった、が三年後には瓶や甕も同じように旨く、美味しい泡盛に生まれ変わっていたのである。私を含め、回りの大人達も、泡盛は甕に入れないと熟成しないと言う妙な固定観念にとりつかれて居たのである。私は脱皮した。それからと言うものは、泡盛蒐集に明け暮れた。あれから二十五年、四半世紀がたった。現在具志界隈では自他共に認める泡盛蒐集家である。

古酒の保存方法

泡盛に関する書物もかなりの数、目を通して来たが、古酒作りでは自分流を通している。私は古酒を作ろうと言う気持はない。風通しの良い清潔な場所でソーッとして置けば良い。泡盛は自ら熟成するのだ。ただ一つ気を付けているのは、長期保存の目標である。例えば、この甕は二〇年間と目標を定めたら、泡盛の度数は三〇度か三五度を貯蔵する。

卑近の例を紹介すると、今年（二〇一六年）二月の初旬に私の長男に長男が誕生した。早速一斗の甕を購入し、三〇度の泡盛を誕生記念として用意した。長男が二十歳の成人になったら〃親子で乾杯するように〃と長男には言い含めてある。このような場合には低い度数で充分、と私は考えている。

又、五〇年間と保存期間を決めたら四〇度〜五〇度の泡盛を保存する。百年だったら五〇度か六〇度の泡盛である。一八一六年のバジル・ホール・チェンバレンや、一八五三年のマシュー・カルブイス・ペリー等の来島の際には百年物か一五〇年物の古酒が提供されたと航海日誌には書かれている。それらの記述を信じるならば、百年、一五〇年の長期熟成には五〇度か六〇度の高いアルコール度数でなければ長い年月には耐えきれないだろう。

私のヴァイオリン教室には、三〇度、四〇度、五〇度、六〇度と種々の度数泡盛が結められた甕が多数鎮座している。それこそ、ヴァイオリン教室ではなく酒蔵である。尚順男爵についてで詳しく触れた。又、氏の論文等も殆んど目を通して来たが、残念ながら氏の古酒づくりに関しては私自身殆んど参考にはしていない。

居酒屋「うりずん」の土屋氏提唱の「百年古酒の会」にも友人からお誘いがあったがお断りした。時間的余裕がなかったからである。その当時、私は『ヴァイオリン曲集』や『ヴァイオリン教本』の作曲、編集のかたわら、泡盛蒐集を細々とやっていたからである。個人的には参加できなかったが、百年古酒の会も是非成功させてもらいたいものである。新しい泡盛文化が開花する事を願って！

エピローグ　～文化と戦争を考える

創造と破壊

プロローグでも述べたように、文化は創造であり、その継承である。かたや、戦争は破壊であり、動物や人間の生命体の殺戮であり、生命の殲滅を意味する。文化を語ることは平和を論じることと同じ事だと筆者は考えている。人間は動物の中で最高に頭が良く賢い動物、即ち霊長類の最高位の動物である。しかるに、これまでの歴史を振り返って見ると賢い者の諸行《しょぎょう》とはとても思えない。文化を創っては破壊、育てては焼き払い戦争の繰り返しである。第一次、第二次の忌まわしい大戦を潜り抜けたと思ったら、地球上のどこかでは今だに戦争の火種《ひだね》は消えずに燻っている。本当に愚かで悲しいことだ。

二〇一六年四月に初来日した〝世界一貧しい大統領〟と言われた、南米ウルグアイのホセ・ムヒカ大統領が記者会見で語った彼の言葉を紹介したい。

本当に大切なことのためにこそ人生の時間を使ってほしい。それを意識化し、文化とすることが大切。自分のエゴを満足させるために、他者を破壊しなければいけないような文化であってはいけない。

このような言葉は、それこそ一八〇〇年代のペリーが称賛した琉球の庶民風景を思い出す言葉である。一八五三年、浦賀に行く途中、この緑したたる南の楽園の小島に魅了され、フィルモア大統領あてに手紙を書かせたペリーの気持を感じる思いである。当時の平和な琉球を物語る面白い逸話がまだある。

牢屋の番人である下級役人が上司に向かって、「私に仕事をください」と頭を下げて願い出た。上司は「お前には立派な牢屋の番人という仕事があるではないか」と言った。ところが牢屋の中を見わたすと、牢屋には一人の罪人もなく、全牢屋はがら空きであった。だから彼には仕事がなかった。現在から考えると、うらやましい限りの平和な世の中であったのだ。

米軍基地のはじまり、そして現在

翁長雄志知事は〝辺野古に新しい基地は造らせない〟と県政運営方針のなかで述べ〝普天間飛行場の県外移設と早期返還にとりくむ〟と主張した。それに対して、日本政府は「馬鹿の一つ覚え」で辺野古が唯一の解決策だと、世界一危険な飛行場「普天間」を辺野古へ移そうと偏執狂みたいに、安倍総理、中谷防衛大臣、菅官房長官も力説する（むかしのドイツのヒットラーに見えてしょうがない）。

われわれ沖縄県民には、このような、熱にうかされたような政府閣僚の言葉は、アメリカに魂を売ってしまった〝操り人形〟のように見える。一時期、世界第二の経済大国をほこった日本も、何時からこのような米国の「傀儡《かいらい》」になったのだろうか。一九三二年、日本も満州国をデッチ上げ愛新覚羅溥儀を「傀儡」に仕立てた経験がある。あれから八〇年、その米国版だろうか。

米軍基地のはじまりは太平洋戦争にある事は衆知の事実である。米軍は日本軍の守備隊を破滅に追いやり、沖縄諸島を占領した。その後、一九五一年サンフランシスコ講和条約締結。同条約第三条により、沖縄は米軍施政下に置かれた。その後は読者諸兄、御存知の通り「銃剣とブルドーザー」による米軍基地の接収と拡大、整備が行われたのである。

二〇一一年現在、在沖米軍は陸軍、海軍、空軍、海兵隊合わせて二万五八四三人で、約六割が海兵隊である。問題の普天間も海兵隊基地である。

講和条約発効当時、日本「本土」にも多数の米軍基地が存在した。当時の基地比率は九対一で本土のほうが圧倒的に多かった。では何故、現在、沖縄に米軍基地が集中偏在するようになったのか。講和条約発効により、日本の主権が回復すると同時に米軍はすべて米本国に撤収したのである。しかし、沖縄は、その後も米軍施政権下にあり、基地は、そのまま温存されたのである。その後、悪いことに朝鮮戦争、ベトナム戦争が起き、再び、日本本土にも米軍が戻って来たのである。沖縄の基地も強化拡充されていった。

ところが、その後、米軍基地のある各県で米軍基地反対運動が激化する。それが反米運動に転化することを懸念した日米両政府は、たびあるごとに、沖縄への米軍基地移動を始めたのである。その移動先は勿論、沖縄である。日米安全保障によって日本の安全を守る為の米軍基地を沖縄へ一方的に押しつけたのである。日本国民の安全を守り、反米感情を和らげる為の「質草」が沖縄であった。「腹が立つこと、この上ない」話である。日本国民の生命、安全を守る米軍基地であるならば、それは当然、日本全国民で平等に負担すべきである、と筆者は思う。―否―私一人だけでなく沖縄県民は皆そう思っている。

少し横道にそれるが、筆者は二五年前より年賀状に、自家制の俳句や和歌、琉歌を書くことを第二の趣味にしている。残念ながら、最近の歌は趣味の悪いものになった。僭越ながら幾つか上げさせてもらう。オスプレイが沖縄配備になった翌年の年賀状から。

・オスプレイ　いやだいやだと　年は明け

さらに、その翌年。

普天間飛行場を辺野古へ移設の際も県民そろって「移設反対!!」「これ以上沖縄に基地を作らせない!!」と大声で政府に要望し、訴えて来た。

我々の要望は受け入れられず、辺野古での移設工事は始まった。政府は沖縄県民の心や声には聞く耳を持たず、理解しようともしない。馬耳東風…、はたまた馬の耳に念仏か。

そこで口惜し（悔し）まぎれに琉歌を二首。

・万民《うまんちゅ》ゆ揃《すり》てぃ　お願《うにげ》しちょぅしが　耳やくじりとてぃ　むぬん聴《ち》かん

・あねる嫌《や》な基地や　誰《た》が造《ちゅ》くてうちぇが　情《なさき》ねん世間《しけ》ぬ　暮《くら》しぐりさ

沖縄の抵抗

沖縄の戦後史は「抵抗の歴史」であると言っても過言ではない。終戦直後の「銃剣とブルドーザー」に始まり現在の辺野古の新基地まで、長い長い七〇年であった。この書は沖縄文化論で、基地問題を詳しく取り上げる紙幅はないので手みじかに触れておきたい。「銃剣とブルドーザー」による米軍の基地建設と拡大は筆者の住む、具志地区でもあった。私が小学校の頃なのではっきり記憶している。自治会員総出で猛烈に抵抗した。沖縄各地で、このような抵抗はあり、「沖縄抵抗史」として一冊の本には収まりきれないだろう。最近の辺野古における抵抗は、連日、沖縄地方紙、二紙の紙面を賑わしている。中には本土の人達の姿も目にする。早大名誉教授、鹿野政直《かのまさなお》氏の抗議声明を紹介したい。

菅義偉官房長官が「私は戦後生まれなので沖縄の歴史は、なかなか分からない」との説明に鹿野教授は「認識不足の上、無責任だ。本土復帰後も、日本政府は米の意向を第一にして沖縄の人々の意志を軽視ないし無視することが基本路線だった。米軍による深刻な事件、事故も後を絶たない。沖縄の人々はそうした歴史を背負い、命の思想を育んで来たから、不屈の闘いを続けている。菅官房長官はそれを無視した。」

かたや、肝心要《かなめ》の日本の最高責任者たる安倍総理は、衆院予算委員会で、宜野湾市長選や県議選が辺野古基地建設に影響するかと問われたのに対し、〝安全保障に関わることは国全体で決めることだ。一地域の選挙で示す民意には従わない〟と述べた。これを、我々沖縄県民が聞くと、地方自治を完全に否定する発言であり、選挙で示す民意には従わない。「沖縄に民主主義は適応しない」と言っているのに等しい。それこそ昔の「植民地主義」の何ものでもない。沖縄無視も甚だしい。では、他府県に対してはどうだろうか。

二〇一四年、政府は米軍普天間基地所属の垂直離着陸輸送機ＭＶ22オスプレイの訓練移転を佐賀県に提案した。しかし、地元からの反発の声が上ると翌年、政府はあっさりと断念した。その際、菅義偉官房長官の言種《いいぐさ》が面白い。「知事など地元の了解を得るのは当然だ」と述べている。総理大臣も官房長官も沖縄と他府県との接し方がまるで違う。それこそダブルスタンダードである。「他府県で当然なものは沖縄では当然ではない」。このような言い方の違いは、まるで別人が語ってようである。もしそれが同一人物であるならば。どこをどう押せば、この発言が出てくるのだろうか？　禅問答もいい加減にしてくれと、言いたくなる。

我々、沖縄県民の抵抗もまだまだ続くものと、覚悟しなければいけない！

中国のこれから

沖縄の米軍基地拡大、強化は、大戦後の朝鮮戦争、ベトナム戦争が大きな要因だが、それ以前より米国の旧ソ連や中国の共産主義勢力の封じ込めも一つの要因であった。その後、ソ連は崩壊し、残りは北朝鮮と中国になった。北朝鮮の金正恩《キムジョンウン》は放蕩息子然とした、やりたい放題の独善的な態度で、全世界から顰蹙《ひんしゅく》を買い、強烈な制裁を受けている

又、中国もしかり、二〇一五年十一月二十二日、マレーシアのクアラルンプールで開催された「東南アジアサミット」で、南沙諸島の人工島造成による軍事拠点化で、各国の首脳から批

判をあびた。しかし、もっと批判されるべき事件はチベットとモンゴルの植民地化であろう。特に北京《ペキン》から西寧《シーニン》を通って、チベットのラサまで「青蔵鉄道」と呼ばれる高速鉄道を敷設したことだろう。二〇〇五年十月一五日「青蔵鉄道の全線完成を祝って胡金濤主席は「社会主義近代化の大きな成果」を強調し「青海、チベットの経済、社会発展が加速し、浴線の各民族の生活改善が実現するだけでなく、諸民族の団決強化に重要な役割を果たす」と述べている。しかしながら、世界中から、それは「侵略鉄道」と呼ばれ略奪の象徴と見られている。チベット国民の精神的拠所である、チベット仏教を潰し、次にチベットの高山に残るレアメタルを略奪しようとしているからである。

ダライ・ラマ十四世のチベット亡命政府は、現在、インド北部のダラムサラムにある。ダライラマ十四世は、この鉄道を〝青蔵鉄道の開通は「チベット二度目の侵略」の完了であり、「文化虐殺」の始まりである〟と述べている。一方、一九五六年十月、中国人民解放軍が突然モンゴルに現われ、モンゴル人遊牧民を着の身、着のままで彼等の土地から追い出した。又、ロプノールでの核実験は過去四〇数回にもおよんだ。その結果、この地のウィグル人は核汚染に侵され、十数万に上る死者が出たと報告されている。ロプノールは紀元前からシルクロードの要衝として栄えた楼蘭《ローラン》王国で有名な地だが、中国の核実験により名実ともに「死の砂漠」になった。悪が未来永劫栄えた例《ためし》はない。この先十年（長生きできたら）二十年先を見とどけてみたいものだ。

国際政治、社会学者の専門家の分析では、中国の衰退はすでに始まっていると見る学者も多い。その一つの証拠が二〇一五年の経済成長の鈍化であると言う。次の最大の問題は労働人口の高齢化であると言われている。その原因は二十数年前に施行された〝一人っ子政策〟で、その後に出生した人達が二〇一〇年以降、労働者と社会人になり、今日まで、中国の経済発展を担ってきた労働者が高齢化した事である。今後、二十年、四十年と、一人の働き手が三人から五人の年寄を面倒みなければならない人口比率になるのである。このような人口比率では国家の財政だけでなく食料問題、医療、老人介護等、どれ一つをとっても無理である。今後、どのような指導者が出てきても、合理的な解決方法は見つからないだろう。

三年ほど前、習近平総書記は、「三年から五年後には、中国は三隻から五隻の航空母艦を持つようになるだろうと」豪語した。現在、空母はでき上っているという情報もある。しかし、情報通り空母ができ上っても、労働人口の高齢化は、船の乗り組員や飛行機の操縦士の育成を困難にするだろう。すべての国営事業の各分野で困窮するのは避けがたいだろうと、筆者は思っている。

これからの宇宙船〝地球号〟

現在、アジア地域で武力まかせに他国を苛《いじ》め、恫喝し、暴力団紛《まが》いの行動をしているのは中国である。しかし、それも先ほど述べたように、そう長くは続かないだろう。経済力が落ち込み、軍備増強まで財政が回らなくなってくると、中国も大きな転換期をむかえる。同時に今までのような大きな口はたたけなくなる事は明白である。一九四九年、毛沢東は共産中国を誕生させ、その勢にのった時、次のような名言（？）をはいた。

「政治は血を流さない戦争であり、戦争とは血を流す政治である」と。今後、このような名言（？）が通用するような世界にはならないだろう。又、させてはいけない。お互いの国々が協力し合い、住民が交流し合い支え合ってこそ、宇宙船地球号は我々の〝種《しゅ》〟を全《まっと》うさせてくれるものと思う。その為に〝今こそ〟が人種は持てる全ての知恵を出し切って、全世界平和のために行動を起こすべき時だろう。一刻の猶予もないのである。

あとがき

第二次大戦後、アメリカは〝沖縄は軍事戦略的に東南アジアの「キーストーン（要石）である〟と言ってきた。太平洋戦争が勃発する何年も前からアメリカは日本をマークし、徹底的に研究して、日本の全てを知りつくして日米開戦に備えていた。その研究チームの一員であった、ルース・ベネディクト博士は〝国際間の摩擦と不和は民族相互間の理解の欠如から起こる〟と述べている。彼女は大戦後、そのチームでの研究成果を『菊と刀』の著書として発表し、日本でも良く知られた人物である。博士の言うように国同士、民族同士が理解を深めるためには、良く話し合うことが最も大切なことである。その上に相互協力のもとに貿易し合い、お互いが精神的、文化的に豊かになり、平和に暮らすことが何より大切である。

二〇一五年、沖縄県の観光客入域者数は約七九〇万であった。県は二〇一七年には八〇〇万人を目指すと意気込んでいる。又、大型クルーズ船の入港も年々増加の傾向にある、嬉しいことである。客数が伸びれば、その分、県財政も潤う。観光旅行者が増えることは、お互いの理解が深まった証《あかし》でもある。県と共に県民も県産品、特産品、又、その独特の文化育成にもっと励む必要がある。泡盛も、もっと古酒化を目指すべきである。私は、泡盛の新酒の時代はもう終幕に近づいたと見ている。

このように考えを進めてくると、沖縄は今後、東南アジア貿易の〝キーストーン〟になる。米軍の発想とは全く異次元のキーストーンになること、間違いないと筆者はかたく信じて疑わない。と同時に、我が沖縄の宝物「銘酒泡盛」も益々その質が高まり尚一層、人々のノド（喉）を楽しませ、日常生活を豊かにし、世界に冠たる銘酒の響を轟かせることだろう。

著者略歴

長嶺《ながみね》　安一《やすいち》

1941 年沖縄県那覇市生まれ。

日本大学芸術学部音楽家ヴァイオリン専攻卒。

ヴァイオリンを又吉盛郎、渡辺文江、常田良吉、岩船雅一の諸先生に師事。

和声法、対位法、作曲法を外崎幹二、岡田龍三、貴島清彦の諸先生に師事。

卒業後、「沖縄交響楽団」コンサートマスターを歴任のかたわら、ソロ・リサイタル、ジョイント・リサイタルを数多く開催。

著書に『はじめの一歩 / ヴァイオリン入門ゼミ』(自由現代社)、『こどものためのバイオリン教本』(ドレミ楽譜出版社) などがある。

泡盛をこよなく愛し、日々古酒造りに勤しんでいる。

ヴァイオリニストの沖縄文化論
泡盛カンタービレ！

2018 年 8 月 20 日　初版第一刷発行
著　者　長嶺　安一
発行者　池宮　紀子
発行所　ボーダーインク
〒 902-0076　沖縄県那覇市与儀 226-3
電話 098(835)2777　fax 098(835)2840
http://www.borderink.com
印刷所　でいご印刷

ISBN978-4-89982-345-2